EL ORIGEN DE LA VIDA

EL ORIGEN DE LA VIDA

Todo cuanto hay que saber

David W. Deamer

Traducción de Dulcinea Otero-Piñeiro

Antoni Bosch ◯ editor

Antoni Bosch editor, S.A.U.
Manacor, 3
08023 Barcelona
info@antonibosch.com
www.antonibosch.com

Origin of life. What everyone needs to know was originally published in English in 2020. This translation is published by arrangement with Oxford University Press and International Editors'Co. Antoni Bosch editor is solely responsible for this translation from the original work and Oxford University Press shall have no liability for any errors, omissions or inaccuracies or ambiguities in such translation or for any losses caused by reliance thereon.

© Oxford University Press, 2020
© de la traducción: Dulcinea Otero-Piñeiro, 2022
© de esta edición: Antoni Bosch editor, S.A.U., 2022

ISBN: 978-84-124076-8-6
Depósito legal: B. 10348-2022

Diseño de cubierta: Compañía
Maquetación: JesMart
Corrección: Olga Mairal
Impresión: Prodigitalk

Impreso en España – *Printed in Spain*

FSC
www.fsc.org
MIXTO
Papel | Apoyando
la selvicultura
responsable
FSC® C159131

Índice

Introducción

Empecemos con una pregunta provocadora: ¿por qué tendría que interesarnos el origen de la vida? La respuesta varía de una persona a otra, pero la más sencilla es la curiosidad. Quienquiera que lea esta introducción siente curiosidad por cómo pudo empezar a existir la vida en la Tierra, pero hay algo más. Mi amigo Stuart Kauffman escribió un libro titulado *At Home in the Universe* [«En casa en el universo»]. El título evoca la profunda sensación de bienestar que sentimos cuando empezamos a comprender cómo está conectada nuestra vida en la Tierra con el resto del universo. Cuando descubrimos esas conexiones nos encontramos con sorpresas y con revelaciones. Por ejemplo, las células vivas están compuestas sobre todo por tan solo seis elementos. A medida que se avanza en la lectura del libro, descubrimos que los átomos de hidrógeno que portamos en el cuerpo tienen 13.800 millones de años, la misma edad que el propio universo, y que el resto de los átomos que nos componen se sintetizaron en las estrellas hace más de cinco mil millones de años. La vida de la Tierra toma prestados esos átomos del universo durante un periodo breve de tiempo y después se los devuelve.

Y luego hay, además, una consideración práctica. Es posible que la investigación motivada por la curiosidad satisfaga las ansias científicas, pero los descubrimientos que realizamos conllevan en ocasiones unas derivaciones muy valiosas. Una que experimenté personalmente provino de la tentativa de crear un modelo de laboratorio de una célula primitiva. Debía hallar un modo de hacer pasar una molécula llamada trifosfato de adenosina (ATP) a través de membranas para que las enzimas encerradas en vesículas lipídicas dispusieran de una fuente de energía para sintetizar ácido ribonucleico (ARN). El planteamiento de esta cuestión y la obtención de una respuesta depararon años más tarde un método llamado secuenciación por nanoporos del ácido desoxirribonucleico (ADN), y en la actualidad se fabrican instrumentos comerciales que incorporan la idea original. El ciclo de descubrimiento e invención está cerrando el círculo en la actualidad regresando a la investigación básica, porque se están desarrollando instrumentos de nanoporos para buscar vida en otros lugares del Sistema Solar.

La astrobiología ayuda a comprender cómo pudo comenzar la vida

Las primeras especulaciones sobre cómo pudo empezar la vida en la Tierra se publicaron en un libro escrito en ruso por Aleksandr Oparin en 1924, seguidas por el breve ensayo que publicó J. B. S. Haldane en 1929. Ambos concluyeron que el origen de la vida se puede entender en clave química, y esta visión ha guiado toda la investigación realizada desde entonces. Sin embargo, una disciplina nueva denominada astrobiología ha expandido nuestra perspectiva más allá de la Tierra y su biosfera. La astrobiología se basa en un conocimiento cada vez más amplio de cómo empezaron a existir los planetas, las estrellas, las galaxias y hasta el universo. Ahora tenemos una idea bastante clara de cómo la Tierra se convirtió en un planeta habitable y de por qué es probable que la vida esté repartida por toda la Galaxia, con sus 150.000 millones de estrellas y planetas, algunos de ellos sin duda alguna habitables.

El rompecabezas de cómo puede comenzar la vida tiene muchas fichas y hay muchas maneras de ensamblarlas para montar una «visión general». Algunas de las piezas están bien asentadas sobre leyes de la química y de la física; otras se basan en las mejores conjeturas sobre cómo era la Tierra hace cuatro mil millones de años, de acuerdo con extrapolaciones razonables a partir de lo que sabemos por la observación de la Tierra actual y otros planetas del Sistema Solar. Aún nos quedan grandes lagunas de conocimiento, y es ahí donde aparecen opiniones científicas muy dispares relacionadas con la viabilidad de las propuestas. Por ejemplo, ¿qué fue primero: el metabolismo o los genes? ¿Las proteínas o los ácidos nucleicos? La mayoría estará de acuerdo en que el agua líquida fue un elemento necesario, pero ¿apareció en un surtidor hidrotermal submarino de algún océano o en algún lugar de agua dulce asociado a la emergencia de masas terrestres? Consideremos en primer lugar cómo intenta encontrar respuestas la comunidad científica que trabaja en la resolución de estos problemas.

¿Qué diferencia hay entre una idea, una conjetura, una hipótesis y una teoría?

Todos tenemos ideas y, como suele decirse, por falta de ideas que no quede… Las ideas son tan comunes porque nos gusta plantearnos preguntas y hallar posibles respuestas. La palabra *conjetura* es el sustantivo elegante que alude a una idea complicada que intenta explicar algo concreto. Aunque una conjetura pueda parecer razonable, lo más probable es que no se base en hechos sólidos. En su libro *La vida en el Misisipi*,[1] Mark Twain

---

[1] Mark Twain: *Life on the Mississippi*. Versión en castellano: *La vida en el Misisipi*; trad. de Susana Carral Martínez; Madrid: Reino de Cordelia, 2021. (*N. de la t.*)

escribió: «Hay algo fascinante en la ciencia. Se obtienen grandes beneficios en conjeturas a partir de una inversión insignificante en hechos». La percepción de Twain se acerca mucho a la diana en el asunto del origen de la vida: hay pocos hechos y muchas conjeturas. Por otra parte, Twain fue un gran escritor pero no era científico. En el transcurso de su vida, algunos científicos precursores empezaban a estudiar la física y la química utilizando una herramienta denominada método científico.

¿Qué es el método científico?

La mayoría de nosotros descubre durante la educación secundaria en qué consiste el método científico, el cual suele definirse como un proceso consistente en cinco pasos: 1. Realizar observaciones. 2. Detectar un misterio interesante. 3. Proponer una hipótesis. 4. Comprobar la hipótesis de forma experimental o mediante más observaciones. 5. A partir de los resultados positivos o negativos, decidir si la hipótesis es correcta o si, al menos, tiene alguna capacidad explicativa. Si la explicación es significativa, si es reproducible por parte de otras personas y genera consenso, la hipótesis se convierte en una teoría.

Parece una forma razonable de descifrar el mundo en que estamos, pero en la vida real el proceso es bastante más complejo, al menos cuando se trata de averiguar los orígenes de la vida. Es tanto lo que no sabemos que cada investigador solo tiene una vaga idea de la visión general, y sus consideraciones contradicen a menudo las de otros investigadores. Lo que sí sabemos con seguridad es que el origen de la vida se produjo dentro del marco de las leyes inmutables de la física y la química, por lo que el objetivo de la ciencia es utilizar esas leyes para rellenar las inmensas lagunas de nuestro conocimiento y tal vez algún día entender cómo puede comenzar la vida.

¿Es posible definir la vida?

Hay poco consenso sobre una definición de la vida que pueda expresarse en una sola frase al estilo de las que ofrecen los diccionarios. La razón es que las células, las unidades de la vida, no son cosas, sino sistemas de estructuras y procesos moleculares, cada uno de ellos indispensable para el funcionamiento del todo. Sin embargo, se pueden pormenorizar las propiedades más generales para describir después las estructuras y procesos individuales de tal modo que tomados en conjunto solo encajen con algo que está vivo. Tal vez sea lo mejor que podemos hacer, así que damos aquí algunos rasgos generales seguidos de una lista de doce propiedades específicas que definen la vida celular en el planeta Tierra.

Propiedades generales

Las células vivas son sistemas de polímeros encapsulados que utilizan los nutrientes y la energía del entorno para realizar las siguientes funciones:

- Metabolismo catalizado por enzimas.
- Crecimiento mediante polimerización catalizada.
- Gobierno del crecimiento a través de información genética.
- Reproducción de información genética.
- División en células hijas.
- Mutación.
- Evolución.

Propiedades específicas

1. Una célula viva está formada por dos tipos esenciales de polímeros encerrados dentro de unos límites membranosos. Los polímeros se componen de seis elementos que suelen abreviarse mediante el acrónimo CHONPS y que son carbono, hidrógeno, oxígeno, nitrógeno, fósforo y azufre.

2. Un tipo de polímero consiste en proteínas que pueden ser estructurales o tener capacidad para funcionar como catalizadores enzimáticos. La otra clase de polímero recibe el nombre de ácido nucleico y contiene información genética en la secuencia de sus monómeros.

3. Los monómeros de las proteínas son veinte aminoácidos diferentes, y los monómeros de los ácidos nucleicos comprenden ocho nucleótidos distintos, cuatro de los cuales componen el ADN y los otros cuatro, el ARN.

4. Las células vivas necesitan una fuente de nutrientes procedente del medio exterior.

5. Las células vivas necesitan una fuente de energía, como luz o la energía química de los nutrientes. La energía se utiliza para propulsar reacciones metabólicas que transforman los nutrientes en los compuestos que utiliza la vida.

6. La polimerización no ocurre de manera espontánea, sino que requiere una fuente de energía. Como resultado del metabolismo, los monómeros de las proteínas y los ácidos nucleicos incorporan energía química a sus estructuras, lo que permite que las enzimas los enlacen para formar polímeros.

7. Las enzimas catalizan la síntesis de proteínas y ácidos nucleicos, y el proceso se rige por la información genética que portan los polímeros de ácidos nucleicos. Las proteínas son sintetizadas por estructuras intracelulares llamadas ribosomas.

8. Como resultado de las reacciones de polimerización, las células crecen y duplican los polímeros que portan información genética.

9. El ácido nucleico llamado ADN puede replicarse mediante un proceso catalizado por enzimas.

10. En un momento determinado del proceso de crecimiento, las células con información genética duplicada se dividen y, con ello, se reproducen.

11. Durante el proceso de duplicación se producen errores que reciben el nombre de mutaciones, de modo que células individuales de poblaciones tales como un cultivo bacteriano presentan variaciones en el genoma.

12. Algunas de esas variaciones proporcionan una ventaja selectiva, y esas células y su descendencia sobreviven, mientras que las desprovistas de esa ventaja se quedan atrás. Este proceso se denomina evolución.

Estas son las propiedades de las células vivas, y es obvio que son componentes de un sistema increíblemente complejo. Para intentar enlazar estas propiedades con el origen de la vida celular es útil considerarlas una a una como una sucesión de interrogantes:

- ¿De dónde proceden las membranas necesarias para formar los límites de las primeras células?
- ¿Qué fuente de energía emplearon las primeras células?
- ¿Qué compuestos orgánicos existían y de dónde salieron?
- ¿Cómo se inició el metabolismo?
- ¿Qué sucedió para que la vida se volviera homoquiral?
- ¿Cuáles fueron los primeros polímeros relacionados con la vida?
- ¿Cómo se sintetizaron esos polímeros antes del comienzo de la vida?
- ¿Cómo se encapsularon los polímeros dentro de los confines membranosos?
- ¿Cómo se convirtieron ciertos polímeros en catalizadores?
- ¿Cómo empezaron otros polímeros a contener información genética?

- ¿Cómo lograron crecer y replicarse esos polímeros?
- ¿Cuáles fueron las primeras formas de ácidos nucleicos?
- ¿Cuáles fueron las primeras formas de proteínas?
- ¿Cómo empezaron las secuencias de bases de los ácidos nucleicos a determinar las secuencias de aminoácidos de las proteínas?
- ¿Cómo empezaron las células a dividirse y reproducirse?
- ¿Cuáles fueron los primeros pasos de la evolución?

Estas preguntas representan los límites de lo que sabemos sobre el origen de la vida y servirán para organizar los retazos de conocimiento que se presentan en este libro. Estas grageas fueron desveladas por unos pocos investigadores con el coraje suficiente para aventurarse más allá de los límites de lo conocido y adentrarse en lo desconocido. Carecen de mapas, pero se apoyan en el conocimiento de que la vida tuvo un comienzo, y de que incluso los procesos de una improbabilidad extrema se convierten prácticamente en certezas cuando se dispone de cien millones de años y la inmensa superficie de un planeta habitable como la Tierra primigenia.

La mayoría de las personas piensa en la ciencia en términos de respuestas que se pueden leer en libros de texto, pero los científicos en activo la conocen mejor. Saben que, aunque las respuestas son el valioso resultado que se obtiene de la ciencia, lo fascinante reside en las preguntas sin respuesta a las que consagran su vida. Este libro está organizado en tres partes que son un reflejo tanto de las respuestas como de las preguntas. La primera parte, titulada «Cómo construir un planeta habitable», expone lo que sabemos sobre la historia de los elementos biogénicos desde su origen en las estrellas hasta su llegada a la Tierra y a otros planetas habitables de nuestra Galaxia. La segunda parte, titulada «De lo no vivo a lo casi vivo», describe cómo se volvieron cada vez más complejas las moléculas orgánicas simples con el paso del tiempo hasta llegar a formar estructuras casi vivas, pero no del todo. La tercera parte, titulada «Lo que aún nos queda por descubrir», aborda las cuestiones que aún falta responder para entender cómo cobran vida las estructuras moleculares que están casi vivas. Aunque nunca sabremos con certeza cómo empezó la vida, sí parece posible desentrañar cómo puede comenzar a existir la vida en cualquier planeta habitable como la Tierra primigenia.

Parte 1
Cómo construir un planeta habitable

El hidrógeno es un gas incoloro e inodoro que, cuando dispone del tiempo suficiente, se transforma en personas. ¿Cuánto tiempo? ¡13.700 millones de años!

Una buena manera de presentar la información de este libro consiste en plantear una pregunta, ofrecer una respuesta y después volver a formular otra pregunta y responderla; esta última pregunta será «¿Cómo lo sabemos?». Y el primer interrogante que hay que considerar es obvio: ¿es verdad que el hidrógeno puede transformarse en personas? Para responderlo, debemos partir de otro más sencillo: ¿de dónde proceden los átomos de la vida?

Los elementos que conforman la vida de la Tierra tienen miles de millones de años

Es formidable descubrir que los átomos de carbono, oxígeno y nitrógeno que conforman el agua y las proteínas, los ácidos nucleicos y las membranas celulares tienen miles de millones de años de antigüedad. De hecho, alrededor del 70 % de todos los átomos que conforman el cuerpo humano es hidrógeno, y los átomos de hidrógeno tienen 13.700 millones de años, la misma edad que el propio universo.

¿Es esto cierto? Téngase en cuenta que la ciencia no se basa en la certeza, sino que propone las explicaciones que mejor concuerdan con los datos y después las comprueba mediante más experimentos y observaciones. Por ejemplo, hace setenta años había dos explicaciones alternativas del origen del universo.

Una de ellas era la teoría del estado estacionario defendida por Fred Hoyle, según la cual el universo no tuvo un comienzo. La segunda, propuesta por George Gamow, era que el universo sí tuvo un principio, y de ahí surgió el término *Big Bang* (o «Gran explosión»), acuñado por Hoyle para ilustrar esta idea de que tuvo un comienzo. La teoría de Gamow hacía dos predicciones relevantes: el universo tenía que estar en expansión, y en ciertas frecuencias de radio tenía que quedar el murmullo dejado por la Gran Explosión, algo así como el eco del trueno que sigue a un relámpago.

¿Cómo lo sabemos?

Las observaciones astronómicas revelaron que la luz de las galaxias que distan millones y hasta miles de millones de años-luz de la Tierra exhibía un desplazamiento del azul al rojo, de longitudes de onda más cortas a más largas, lo que cuadraba con un universo que se estaba expandiendo desde un instante temporal situado 13.700 millones de años atrás. Desde la radioastronomía también se observó una interferencia constante en el rango de frecuencias de las microondas que parecía provenir de todas las direcciones. Esta era una de las predicciones de Gamow y ahora se denomina radiación cósmica de fondo. La idea del estado estacionario de Hoyle se dejó de lado, y la teoría de la Gran Explosión se ha aceptado por consenso porque explica mejor la realidad.

La lámina 1 muestra el aspecto actual del universo. La mayor parte de la materia visible del universo se ha concentrado en galaxias como la nuestra. Las galaxias no están dispersas al azar, sino que forman los cúmulos que se ven en la imagen. Lo que vemos ahí son miles de millones de galaxias, cada una con miles de millones de estrellas, todas ellas propulsadas por la energía que se libera cuando los protones del hidrógeno se fusionan y forman helio. (A las temperaturas que alcanzan las estrellas no es posible que un átomo de hidrógeno conserve su electrón, de modo que solo los protones experimentan reacciones de fusión). Los cúmulos se forman porque el hidrógeno, al igual que toda la materia, tiene gravedad, y la fuerza gravitatoria puede hacer que el hidrógeno se concentre en primer lugar en nubes de gas, luego en discos en movimiento giratorio lento y, por último, que el gas se colapse en el centro del disco y forme una estrella, acompañada a menudo por planetas girando a su alrededor. La gravedad mantiene juntas las estrellas de las galaxias, y la misma atracción gravitatoria hace que las galaxias formen los cúmulos que se aprecian en la imagen y que no son una ilusión. Este es un mapa real de cúmulos de galaxias basado en los resultados de las observaciones. La franja de color blanco que atraviesa la imagen de izquierda a derecha no es un artificio; se trata de la Vía Láctea, nuestra propia Galaxia vista de perfil, lo que impide ver otras galaxias situadas detrás. Las regiones oscuras que ocultan parte de la luz de las estrellas se corresponden con el polvo interestelar que expulsan estrellas moribundas y que con el tiempo se concentra y forma nubes descomunales.

Los átomos más pesados que el hidrógeno se sintetizan en las estrellas

Si las estrellas solo se limitaran a fusionar hidrógeno en helio, no habría vida en el universo. Sin embargo, la química nuclear que se produce en las estrellas incluye un segundo proceso de fusión que sintetiza los elementos de la vida (carbono, oxígeno, nitrógeno, fósforo y azufre), aparte del hierro y el silicio que componen los planetas rocosos como la Tierra. Cuando una estrella ordinaria agota la energía procedente de la fusión del hidrógeno, primero se expande hasta convertirse en una gigante roja y luego se colapsa y libera la mayor parte del resto de su masa en forma de partículas microscópicas llamadas polvo interestelar. Estas partículas se componen de minerales de silicatos y hierro mezclados con agua y compuestos orgánicos que contienen los elementos biogénicos, junto con trazas de otros elementos de la tabla periódica.

¿Cómo lo sabemos?

El avance de las capacidades tecnológicas nos ha llevado a construir telescopios potentes que permiten ver realmente los elementos que expulsan las estrellas que se colapsan cuando «agotan su combustible» y dejan de tener una fuente de energía de fusión. Estos telescopios no siempre son de los que funcionan con lentes de cristal y espejos para concentrar luz visible. Los radiotelescopios permiten «ver» ondas de radio; con los telescopios infrarrojos se puede confirmar la existencia de moléculas orgánicas en el espacio, y otros telescopios producen imágenes a partir de luz ultravioleta y rayos X. Hasta hay telescopios, como el Hubble, que orbitan alrededor de la Tierra, muy por encima de la atmósfera que distorsiona la luz de estrellas y galaxias lejanas.

La imagen de la lámina 2 muestra los restos de una supernova observados con un telescopio de rayos X. Se llama Casiopea A, y la imagen se ha codificado en colores para mostrar qué elementos expulsó el astro que se colapsó. El color violeta se corresponde con hierro, el amarillo representa azufre, el verde es calcio y el rojo indica silicio. Lo único que queda de la estrella en sí es el pequeño punto blanco situado en el centro de la imagen, lo que se conoce como una estrella de neutrones.

El hierro, el azufre y el calcio intervienen en los procesos de la vida. ¿Pero qué hay del carbono, el oxígeno y el nitrógeno? ¿De dónde proceden? Al cosmólogo británico Fred Hoyle se le ocurrió una idea a finales de la década de 1940. Explicó la síntesis del carbono en el interior de las estrellas a temperaturas lo bastante elevadas mediante la fusión de berilio, que porta cuatro protones en su núcleo, con una partícula alfa compuesta por un núcleo de helio. El oxígeno y el nitrógeno podrían sintetizarse entonces a partir de carbono mediante el ciclo CNO (carbono-nitrógeno-oxígeno) que se ilustra en la lámina 3. En la estrella que llamamos Sol, las longitudes de onda características de los diversos elementos se distinguen en el espectro de la luz solar. A excepción del hidrógeno y el helio, la abundancia de los elementos presentes en el Sol es similar a la que se observa en los planetas circundantes, una señal clara de que todo el Sistema Solar se formó dentro de una inmensa nube molecular de polvo y gas.

Seis elementos biogénicos componen todas las formas de vida

Los elementos biogénicos no son más que aquellos que componen la mayor parte de la masa de un organismo vivo. Puesto que una célula viva típica está compuesta en un 60 o 70 % de H_2O, o agua, la mayor fracción de su peso la constituye el oxígeno del agua. El carbono es el siguiente elemento más abundante porque está presente en todas las biomoléculas, como las proteínas y los ácidos nucleicos, junto con el nitrógeno. Sin embargo, en términos del número de átomos que conforman una célula viva, el hidrógeno es el elemento más abundante y se corresponde, aproximadamente, con el 70 % de los átomos.

¿Cómo lo sabemos?

Supongamos que tomamos un gramo de bacterias como las que agrían la leche o las que avinagran el zumo de manzana. Las bacterias están vivas, y los ácidos que producen (ácido láctico y ácido acético) son productos de desecho de su metabolismo. A continuación, calentamos las bacterias a 600 °C al vacío, un proceso llamado pirólisis que descompone todas las moléculas orgánicas en elementos atómicos y en algunas moléculas simples como el agua. La pirólisis convierte las bacterias en cenizas negras, y cuando se analizan las cenizas resultan estar compuestas en su mayoría por carbono elemental mezclado con pequeñas cantidades de sales de cloruro de sodio, de potasio, de magnesio y de calcio, junto con un poco de fosfato y azufre. El análisis del gas que se libera durante el proceso revela que está compuesto sobre todo de agua (H_2O) con cantidades inferiores de gas nitrógeno y de azufre en forma de sulfuro de hidrógeno, o H_2S. Por último, se pesa el carbón negro y se calcula la masa de material que hay en los gases.

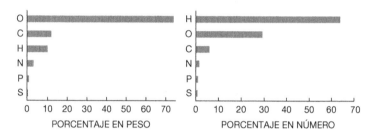

Figura 1.1 Elementos biogénicos de una célula bacteriana.
O, oxígeno; C, carbono; H, hidrógeno; N, nitrógeno;
P, fósforo; S, azufre. *Fuente*: Autor.

Tras unos pocos cálculos, los resultados se pueden ilustrar, por ejemplo, como porcentajes en masa o por el número de átomos. El oxígeno conforma la mayor parte de la masa de una célula viva, porque está en el agua (H_2O). En términos de cantidad de átomos, el hidrógeno representa el 62 % de la masa total, seguido del oxígeno, el carbono y el nitrógeno de las proteínas y los ácidos nucleicos (figura 1.1). Aunque el fósforo y el azufre son esenciales para la vida, solo conforman una pequeña fracción de los elementos. Lo que hay que tener presente es que todos los elementos biogénicos, excepto el hidrógeno y un poco de helio, se sintetizaron en las estrellas mediante la nucleosíntesis estelar. El hidrógeno del agua, las proteínas y los ácidos nucleicos de la vida está ahí únicamente porque no participó en la formación estelar. Este es el motivo por el que una fracción importante de los elementos de la vida es tan antigua como el universo.

El polvo interestelar proporcionó los átomos y moléculas que sirvieron de semilla a la vida en el Sistema Solar

La imagen de la lámina 4 se tomó con el telescopio Hubble, situado en órbita alrededor de la Tierra. Muestra una hermosa galaxia espiral llamada NGC 1566, la abreviatura de «Nuevo Catálogo General» que se usa en astronomía seguida del número que porta ese objeto en dicho catálogo. Esta galaxia contiene miles de millones de estrellas, y las regiones de los brazos espirales donde se están formando estrellas nuevas se reconocen por su fulgor rojizo. Pero también se ve algo más: las bandas oscuras que se concentran en el interior de la galaxia y ocultan la luz de otras estrellas. En la Vía Láctea, la visión que tenemos de nuestra propia Galaxia desde su interior, se ven bandas similares. Estas regiones oscuras consisten en polvo estelar, formado por las cenizas de estrellas que han explotado al agotar su ciclo vital. El polvo estelar contiene los elementos que se sintetizaron en el interior de las estrellas, como partículas de hierro y silicio en forma de minerales de silicato. En la superficie de las partículas de polvo se acumula una capa fina de hielo de agua que contiene moléculas simples, como dióxido de carbono (CO_2), monóxido de carbono (CO), amoniaco (NH_3) y metanol (CH_3OH).

¿Cómo lo sabemos?

En 1932, Karl Jansky trabajaba en los Laboratorios Telefónicos Bell y se propuso descubrir el origen del ruido estático que dificultaba las comunicaciones por radio entre países. Reparó en que aquella interferencia aumentaba una vez al día cuando apuntaba la antena hacia el centro de la Galaxia. Costaba creerlo, pero las estrellas emitían ondas de radio. A lo largo de los cincuenta años siguientes, las antenas y los amplificadores se perfeccionaron hasta el punto de que permitieron detectar no solo aquellas ondas de radio, sino también la modulación que causaban en su interior las moléculas orgánicas. Ahora se conocen más de cien compuestos de este tipo, y muchos de ellos están relacionados con el origen de la vida. Los elementos biogénicos que los componen son agua (H_2O), dióxido de carbono (CO_2), cianuro de hidrógeno (HCN), amoniaco (NH_3), formaldehído (HCHO), ácido fórmico (HCOOH), ácido acético (CH_3COOH) y hasta un aminoácido llamado glicina (CH_2NH_2COOH).

Investigaciones posteriores llevaron a la conclusión de que la luz ultravioleta favorece que las moléculas simples del hielo que recubre las partículas de polvo interestelar formen compuestos orgánicos más complejos. Estos viajaron primero al Sistema Solar y después a la Tierra, durante una fase tardía del proceso de formación del planeta, cuando se enfrió lo suficiente para que se formara un océano. Otros compuestos esenciales se sintetizaron en la superficie de la Tierra a través de reacciones químicas ocurridas en la atmósfera, los océanos y las masas de tierras volcánicas.

Las nubes moleculares son los lugares donde se gestan las estrellas y los planetas

La lámina 5 muestra nubes moleculares en un sistema estelar llamado Rho Ophiuchi, situado a unos 460 años-luz de la Tierra. Un año-luz no es más que la distancia que recorre la luz en un año, lo que equivale a 5,9 billones de kilómetros. Nuestra Galaxia tiene un diámetro mínimo de 170.000 años-luz. Para hacernos una idea de lo grande que es, basta con pensar que la estrella más cercana a la Tierra, llamada Alfa Centauri, se encuentra a

4 años-luz, y que las nubes moleculares que hay en la Galaxia miden entre 3 y 70 años-luz. Comparado con ella, el Sistema Solar en el que nos encontramos es minúsculo, ya que abarca tan solo 4,2 horas-luz desde el Sol hasta Neptuno. En un sentido muy literal, las nubes moleculares son cenizas de estrellas que fenecieron hace mucho tiempo, cuando agotaron su ciclo vital y, tras su explosión, lanzaron los elementos que contenían al espacio interestelar. Algunas de las partículas microscópicas de polvo de estas nubes están compuestas por minerales de silicato, mientras que otras son de hierro y níquel metálicos.

Las partículas de polvo de esta imagen fulguran con tonalidades azules porque reflejan la luz de estrellas cercanas, mientras que otras presentan coloraciones que van del marrón al negro. En otras zonas de la nube, la luz ultravioleta hace que el gas hidrógeno brille en tonos rojos, una emisión parecida al resplandor rojo del neón causado por los electrones que se mueven a través del gas. Las nubes moleculares son una parte importante para entender la vida en la Tierra porque constituyen los criaderos en los que nacen estrellas y sistemas solares nuevos.

¿Cómo lo sabemos?

La respuesta es sencilla. El telescopio Hubble opera mientras permanece en órbita alrededor de la Tierra unos 570 kilómetros por encima de la atmósfera de nuestro planeta, y ha proporcionado imágenes con una nitidez asombrosa de los procesos que tienen lugar en el interior de las nubes moleculares de polvo y gas repartidas por toda la Galaxia. El telescopio Hubble nos permite acceder hasta las profundidades de las nubes moleculares más cercanas y ver que están surgiendo estrellas nuevas por doquier, algunas de ellas rodeadas por el polvo que dará lugar a planetas.

El Sistema Solar se formó a partir de un disco de gas y polvo que giraba alrededor del Sol

Cada estrella nueva resurge, como el ave Fénix, de las cenizas de estrellas muertas que se incineraron en un calor final de 100 millones de grados antes de colapsarse y a continuación explotar en forma de novas o supernovas. Como las estrellas nuevas emergen de nubes moleculares, suelen aparecer en cúmulos como el de las Pléyades, apreciable a simple vista en el firmamento nocturno. La radiación de estos astros dispersa el polvo de la nube y millones de años después solo queda el cúmulo. El Sol perteneció en su día a un cúmulo de este tipo, pero a lo largo de los cinco mil millones de años transcurridos desde que se convirtió en una estrella, sus hermanas estelares se fueron alejando poco a poco de él hasta perderse en el espacio. Las partículas de polvo y gas interestelar se concentran en nubes que acaban convertidas en discos giratorios donde surgen estrellas nuevas. Los planetas se forman a medida que el polvo del disco experimenta procesos de acreción gravitatoria y se concentra en planetesimales de un tamaño de varios kilómetros, que más tarde chocan entre sí y forman planetas. Los asteroides situados entre las órbitas de Marte y Júpiter son planetesimales que no fueron capturados durante la formación de los planetas.

¿Cómo lo sabemos?

La lámina 6 muestra una partícula de polvo en primer plano y una nube molecular al fondo, donde la gravitación ha empezado a formar estrellas a partir del polvo y el gas que componen la nube. Hace muchos años se propuso una explicación teórica de la formación planetaria, pero no existían pruebas directas. Sin embargo, la instalación de un telescopio nuevo en Chile conocido como Gran Red Milimétrica de Atacama («Atacama Large Millimeter Array» o ALMA) permite ver lo que parece ser un sistema solar en pleno proceso de formación alrededor de una estrella cercana llamada HL Tauri (lámina 7). Esta estrella solo tiene un millón de años y está rodeada por un disco de gas y polvo, tal como predice la teoría. Es probable que los huecos que se aprecian con claridad en el disco se hayan producido por la captura de polvo por parte de planetas recién formados. Es razonable suponer que nuestro Sistema Solar se formó mediante un proceso similar.

Los elementos radiactivos mantienen fundido el núcleo de la Tierra

Más adelante describiremos cómo emergieron los volcanes a través de un océano global y formaron las primeras masas de tierra firme. El agua del océano salado que se destiló por evaporación se precipitó sobre las islas volcánicas en forma de lluvia. Como los volcanes están calientes, la lluvia dio lugar a surtidores calientes parecidos a los que vemos hoy en día en las regiones volcánicas de todo el mundo. Pero, ¿por qué había volcanes? ¿Y cómo es posible que sigan existiendo en la actualidad, cuatro mil millones de años después del origen de la vida?

La formación de la Tierra sucedió en un proceso de acreción gravitatoria que acumuló objetos de tamaño asteroidal, llamados planetesimales, que medían muchos kilómetros de diámetro. La energía liberada por estos impactos era tan grande que los minerales de hierro y silicato se fundían a medida que la Tierra incrementaba su tamaño. Hacia el final de la acreción primaria, la órbita de un objeto del tamaño de Marte cruzó la órbita de la Tierra, y ambos planetas chocaron y se fusionaron. La Luna se formó a partir de los restos calientes de minerales de silicato que quedaron en órbita alrededor de la Tierra. Tanto la Tierra como la Luna se calentaron debido al impacto y alcanzaron la temperatura de la lava fundida. La lámina 8 muestra una representación artística de nuestro planeta en aquella época.

Como la Tierra estaba fundida en su totalidad, los materiales densos de hierro y níquel que se habían incorporado a ella durante la acreción se hundieron a través de los minerales de silicato más ligeros de la corteza y formaron un núcleo que más tarde comenzó a enfriarse. El diámetro del núcleo ronda el 20% del de la Tierra, y su temperatura se estima en 6.000 °C, ¡la misma que hay en la superficie del Sol! Ese calor es el que alimentó los volcanes en la Tierra primitiva, y aún sigue alimentándolos hoy en día. Pero hay un problema: al medir la velocidad a la que se pierde calor a través de la corteza hacia el espacio exterior, se comprueba que el calor primordial de la acreción no podría haber mantenido el núcleo a esa temperatura. Tiene que haber otra fuente de calor.

¿Cómo lo sabemos?

La respuesta procede del conocimiento que tenemos de los isótopos radiactivos de larga vida que están mezclados con el núcleo de hierro. El elemento con un periodo de semidesintegración más largo, de 14.100 millones de años, es el torio-232, seguido del uranio-238 (4.470 millones de años), el potasio-40 (1.280 millones de años) y el uranio-235 (705 millones de años). El número que aparece detrás del nombre del elemento es el peso atómico de ese isótopo particular, que básicamente se corresponde con la masa combinada de los protones y neutrones del núcleo. El periodo de semidesintegración es el tiempo que tarda la mitad del elemento en sufrir una desintegración radiactiva en otros elementos, lo que libera energía térmica. Al cabo de 4.000 millones de años, la mayor parte del potasio-40 y del uranio-235 originales se habría desintegrado, por lo que el calor actual lo generan el torio-232 y el uranio-238.

En torno a mil millones de años atrás, el núcleo se había enfriado lo suficiente como para escindirse en un núcleo interno sólido de hierro y un núcleo externo líquido. La lenta convección del hierro fundido del núcleo explica que la Tierra cuente con un campo magnético. Esto es relevante, porque el campo magnético desvía gran parte del viento solar de alta energía y potencialmente peligroso que emite el Sol.

Más adelante explicaré que la vida no podría haberse originado en caso de no existir islas volcánicas con una fuente de agua dulce procedente de las precipitaciones de lluvia. En otras palabras, el hecho de que los organismos vivos sean hoy tan abundantes en la Tierra dependió de que hubiera un núcleo de hierro a una temperatura suficiente para mantenerlo en estado líquido. Es significativo que Marte albergara en el pasado mares poco profundos y volcanes. Apostaría sin dudarlo 100 dólares a que descubriremos signos de que Marte albergó vida hace 3.500 millones de años. Es posible que todavía prolifere algún vestigio en las profundidades del subsuelo, donde el calor residual mantiene un poco de agua en estado líquido.

La desintegración radiactiva revela la edad de la Tierra

Nuestro planeta tiene unos 4.570 millones de años, es decir, un tercio de la edad del universo.

¿Cómo lo sabemos?

La edad de la Tierra se ha determinado de varias maneras. La más sencilla de entender se basa en el hecho de que el uranio es radiactivo y se desintegra en plomo a un ritmo concreto. Por ejemplo, supongamos que tenemos una muestra pura de un isótopo de uranio llamado $^{238}U_{92}$ y que medimos los cambios de radiactividad que experimenta con el paso del tiempo. Por extrapolación, el resultado mostraría que la mitad de la muestra se transformaría en plomo (abreviado como $^{206}Pb_{82}$) en 4.468 millones de años; esto se conoce como su periodo de semidesintegración. El segundo número de la abreviatura se corresponde con la cantidad de protones que hay en el átomo, que es fija, y el primero es el peso atómico, que incluye el número de protones y de neutrones. Los diferentes isótopos de un mismo elemento tienen pesos atómicos distintos. Por ejemplo, $^{235}U_{92}$ es el isótopo explosivo del uranio que se emplea en los reactores nucleares. Tiene tres neutrones menos que el $^{238}U_{92}$ y un periodo más corto de semidesintegración que ronda los 703 millones de años.

El siguiente paso consiste en suponer que el uranio hallado en un cristal antiguo de circón era puro de entrada. Sabemos que era puro porque el plomo no encaja en la red cristalina del mineral de óxido de circonio, mientras que el uranio sí. Cuando medimos la cantidad de ambos isótopos en los circones más antiguos, resulta que la proporción se acerca a 1:1, lo que significa que la mitad del uranio se ha desintegrado en plomo y, por tanto, que el circón debe de tener 4.500 millones de años. Si efectuamos la misma medición con el uranio y el plomo de un meteorito, la proporción también asciende a 1:1. Por último, si suponemos que los meteoritos se formaron en el Sistema Solar más o menos al mismo tiempo que los planetas, las mediciones más meticulosas indican que su edad es 4.570 millones de años, por lo que admitimos ese dato como edad de la Tierra.

Es interesante hacerse una idea de lo lejano que es aquel momento temporal. Imagine que usted tiene acceso a una máquina del tiempo, un dispositivo capaz de transportarnos al pasado. Fijamos el reloj en 4.000 millones de años y la velocidad en 1.000 años por segundo, y luego accionamos el botón IR. Cinco segundos después, miramos por la ventana y contemplamos la construcción de pirámides en Egipto y, diez segundos después, tribus plantando cultivos a orillas del Éufrates, en Oriente Próximo. Treinta segundos más atrás en el tiempo vemos artistas pintando ganado salvaje en las paredes de cuevas en Francia. Setenta segundos después las tribus abandonan África y se adentran en Europa, y tres minutos después en nuestro viaje hacia el pasado vemos aparecer los primeros seres humanos, el *Homo sapiens*, en África.

A partir de ahí me temo que tendremos que permanecer sentados en la máquina del tiempo durante dieciocho horas hasta que se produzca un gran destello de luz seguido de un breve periodo de completa oscuridad causado por un asteroide de casi diez kilómetros de diámetro que se estrelló contra el mar cerca de Yucatán, en América Central, y provocó la extinción de los dinosaurios que habían dominado la Tierra durante 200 millones de años. Nosotros estamos aquí gracias a que sobrevivieron algunos mamíferos pequeños de sangre caliente.

Y ahora volvemos a esperar. En seis días y medio llegaremos al Cámbrico, un periodo en el que algunos de los primeros animales terrestres dominaron el océano y se fosilizaron como trilobites. Las masas de tierra también empezaban a cubrirse de verde a medida que las plantas aprendieron a vivir fuera del agua usando la luz del Sol como fuente de energía.

Volvemos a esperar. Esto se está convirtiendo en un aburrimiento. Veintinueve días después nos faltará el aire porque casi no habrá oxígeno en la atmósfera. La principal forma de vida es microbiana, y veremos el océano teñido de verde por la gran cantidad de cianobacterias que proliferan en él. Ya producen oxígeno, pero aún no es suficiente para respirar, así que nos colocamos una mascarilla de oxígeno.

Al final, cuarenta y seis días después, miramos por la ventana y solo vemos un océano y volcanes. No hay nada vivo, así que habremos llegado a la Tierra prebiótica. Al contemplar los volcanes más de cerca, distinguimos fuentes termales y géiseres que forman pequeñas charcas de agua con burbujas espumosas por el borde. Cuando se secan dejan una película fina parecida al cerco de una bañera. Cuando la lluvia rellena las charcas, los compuestos de esos cercos se difunden por el agua como vesículas microscópicas. No son seres vivos, pero sí el primer paso hacia la vida celular. Si les damos un poco de tiempo, como 100 millones de años, por ejemplo, encontrarán la manera de cobrar vida.

La vida no pudo comenzar hasta que hubo un océano

En el momento en que comenzó la vida, la Tierra albergaba un océano salado con masas de tierras volcánicas que se alzaban hacia una atmósfera compuesta sobre todo por nitrógeno y una pequeña cantidad de dióxido de carbono. Como la Tierra aún se estaba enfriando a partir del estado fundido en el que se encontraba, la temperatura global era mucho más elevada que la actual, probablemente situada en un rango de entre 60 y 80 °C. No existía ningún continente porque el proceso de la tectónica de placas aún no había comenzado, pero sí había masas de tierra insulares de origen volcánico parecidas a las de Hawái e Islandia. Las precipitaciones de lluvia en las islas volcánicas crearon charcas de agua dulce que se calentaban hasta entrar en ebullición debido a la energía geotérmica, y luego se enfriaban hasta alcanzar la temperatura ambiente debido a la escorrentía. Encontramos ejemplos actuales en los campos hidrotermales de Kamchatka, Hawái, Islandia y Nueva Zelanda.

¿Cómo lo sabemos?

Hay tres formas de saber cómo era la Tierra primitiva. La primera es a partir de nuestros conocimientos de geología y mineralogía. La tectónica de placas no ha dejado casi nada de la superficie original de la Tierra, excepto una pequeña fracción de tierras rocosas en el noreste de Canadá que se han fechado en 4.030 millones de años. Esa es la época aproximada en la que comenzó la vida, por lo que sabemos que debía de haber un océano. También sabemos, por la composición de los minerales sedimentarios antiguos, que no había oxígeno en la atmósfera.

El segundo método se basa en la composición atómica de los minerales de circonio, llamados circones, que se han aislado en rocas sedimentarias de Australia Occidental y se han fechado en 4.400 millones de años. La composición del circón puede utilizarse para calcular la temperatura a la que se formaron esas rocas. Los resultados arrojan unos valores sorprendentemente bajos, muy inferiores a la temperatura de la lava fundida, lo que significa que había agua líquida en forma de océano.

El último método consiste tan solo en examinar la Luna, que está cubierta por una cantidad enorme de cráteres formados por impactos de objetos grandes y pequeños del tamaño de asteroides. Esto se conoce como el Bombardeo Intenso Tardío, un periodo que finalizó hace unos 3.800 millones de años. Esto significa que cuando comenzó la vida, la Tierra era un lugar peligroso. De hecho, se ha llegado a proponer que la vida pudo originarse varias veces pero fue destruida por aquellos impactos violentos.

La vida tuvo que surgir en algún instante situado entre 4.570 y 3.460 millones de años atrás, que son las fechas calculadas para la edad de la Tierra y la edad de los primeros restos fósiles de vida microbiana. Podemos afinar el cálculo dando por supuesto que la vida no pudo comenzar hasta que hubo agua líquida, y a partir de los circones y los signos geológicos sabemos que unos 4.300 millones de años atrás hubo un océano global. También hay indicios de que la Tierra recibió el bombardeo de numerosos objetos del tamaño de un asteroide al principio de su historia; los inmensos cráteres lunares, como Mare Imbrium, son las cicatrices que dejaron aquellos impactos. Como la Tierra es mucho más grande que la Luna, habría recibido una cantidad de impactos incluso mayor. La energía que aportaron los impactos más grandes pudo causar la extinción de cualquier vida primitiva que hubiera echado a andar por entonces. Se ha planteado que la vida pudo comenzar en varias ocasiones y sobrevivir tan solo cuando finalizó esta fase de bombardeo, hace unos 3.800 millones de años. A partir de todas estas consideraciones, es razonable suponer que la vida comenzó en algún instante entre hace 4.200 y 3.800 millones de años atrás.

El agua de la Tierra llegó a lomos de planetesimales y cometas

El polvo de las nubes moleculares tiene una capa fina de hielo que recubre la matriz mineral de silicato. En el Sistema Solar primitivo, el polvo se acumuló en planetesimales y cometas por acreción gravitatoria junto con el agua, la cual se liberó más tarde en planetas como la Tierra y Marte durante sus procesos respectivos de formación. Al principio, la Tierra albergaba temperaturas muy elevadas y tenía todo un océano de agua en forma de vapor en la atmósfera. En algún momento, la Tierra se enfrió hasta alcanzar una temperatura que permitió la existencia de agua líquida que creó un océano global. La atmósfera primitiva estaba compuesta en su mayoría por nitrógeno gaseoso y un poco de dióxido de carbono. Como la fotosíntesis aún no había comenzado, no había oxígeno libre.

¿Cómo lo sabemos?

Aunque el agua es un líquido transparente cuando se ve con luz ordinaria, se revelaría opaca si la observáramos con luz infrarroja porque las moléculas de agua absorben los fotones y los convierten en energía calorífica. El agua también absorbe otras formas de energía electromagnética. Por ejemplo, las microondas que se utilizan para calentar alimentos y agua en un horno de microondas tienen una frecuencia de 2.450 millones de ciclos por segundo, y su energía vibratoria es absorbida por el agua, la cual se calienta. Esto se parece a la forma en que se calienta la piel cuando se expone a la radiación infrarroja de la luz del Sol.

Los radiotelescopios se apuntan hacia las nubes moleculares, y el espectro que se obtiene en microondas proporciona signos claros de que contienen agua en forma de películas congeladas sobre la superficie de las partículas de polvo. Durante la formación de los planetas, el polvo forma acumulaciones debido a la atracción gravitatoria, proceso que agrega también el agua y los compuestos orgánicos. Estas concentraciones aumentan hasta convertirse en planetesimales del tamaño de asteroides y cometas, cuyo tamaño varía desde decenas hasta centenares de kilómetros de diámetro. En el Sistema Solar interior, en las proximidades del Sol, el polvo y el agua salieron despedidos hasta más allá de la órbita de Marte, donde formaron los planetas gigantes Júpiter, Saturno, Urano y Neptuno. Los planetas del Sistema Solar interior surgieron como resultado de las colisiones entre planetesimales y cometas, y son objetos rocosos y mucho más pequeños que los planetas gigantes. La Tierra logró conservar un poco del agua que recibió de los planetesimales y cometas que chocaron contra ella, y esa agua se condensó más tarde en un océano. Marte recibió menos agua aún, la mayor parte de la cual se evaporó en el espacio durante los últimos tres mil millones de años.

Teniendo en cuenta lo grande que parece el océano terrestre, puesto que cubre dos tercios de su superficie, tal vez sorprenda leer que la Tierra conservó tan solo un «poco» del agua que recibió durante el periodo de acreción. Lo cierto es que si la Tierra tuviera el tamaño de una pelota de baloncesto, el océano tendría el grosor de una hoja de papel.

¿Por qué creemos que el agua de la Tierra procede de planetesimales y no de cometas helados? Hay un tipo especial de hidrógeno llamado deuterio que alberga un protón y un neutrón en su núcleo. El agua del océano tiene una proporción de 6.410 átomos de hidrógeno por cada uno de deuterio. Esta proporción no concuerda muy bien con la del agua de los cometas, donde se acerca más a 1.886 átomos de hidrógeno por cada uno de deuterio, pero sí concuerda con la proporción que se ha medido en algunos planetesimales. Sin embargo, al contemplar el océano podemos imaginar que alrededor de una décima parte del agua que contiene llegó a lomos de cometas, mientras que el resto se inyectó en la atmósfera en forma de vapor de agua desde las masas de roca caliente que componían la corteza terrestre.

Parte 2
De lo no vivo a lo casi vivo

Si usted está leyendo este libro con la esperanza de saber cómo empezó la vida, lamento decirle que nadie conoce aún la respuesta. Sí sabemos algo sobre cómo era la Tierra cuatro mil millones de años atrás, antes de que empezara la vida, lo cual se ha descrito en la primera parte. También tenemos mucha información sobre la vida actual y los tipos de compuestos bioquímicos y las fuentes de energía que necesita la vida. Estos conocimientos permiten emitir algunas conjeturas sobre los compuestos orgánicos y las fuentes de energía que pudieron ser necesarios para que comenzara la vida. Podemos comparar esas conjeturas con los compuestos orgánicos que siguen llegando a nuestro planeta en forma de meteoritos carbonáceos. También podemos extrapolar remontándonos hacia atrás en el tiempo para ver con qué clases de energía pudieron contar las primeras formas de vida.

Empezaré con una relación de las principales hipótesis que se han propuesto para explicar el origen de la vida. La lista se expone siguiendo un orden cronológico aproximado para transmitir una idea sobre el alcance de la investigación en esta materia hasta la actualidad. Se trata de una disciplina muy reciente en la que solo unos pocos cientos de científicos de todo el mundo realizan la mayor parte del trabajo, por lo que no es de extrañar que haya ideas contradictorias sobre cómo pudo comenzar la vida. Aunque mencionaré el nombre de los científicos vinculados a cada propuesta, no daré referencias porque a menudo consisten en textos científicos especializados y están escritos en un lenguaje muy técnico. Todos esos nombres y propuestas son bien conocidos, por lo que las personas interesadas en ahondar en los detalles podrán encontrarlos en internet. Después de presentar las principales propuestas que circulan dentro de la investigación sobre los orígenes de la vida, me centraré en un enfoque nuevo que empieza a emerger de nuestros estudios.

Propuestas diversas sobre cómo empezó la vida en la Tierra

Panspermia

El concepto de panspermia se remonta 2.500 años atrás, cuando el filósofo griego Anaxágoras se preguntó cómo empezó la vida. El término *panspermia* procede del griego y significa que las semillas de la vida se encuentran por doquier en el universo. En 1903, el químico sueco Svante Arrhenius llamó la atención de la ciencia sobre la panspermia; después, los cosmólogos Fred Hoyle y Chandra Wickramasinghe se atrevieron a afirmar que las nubes moleculares observadas en el cosmos contienen vida microbiana que se distribuye por los planetas habitables que surgen alrededor de cada estrella nueva. El problema de estas especulaciones es que eluden la cuestión de cómo puede dar comienzo la vida y no proponen predicciones comprobables.

Un planteamiento más útil es que la vida en el Sistema Solar empezó en Marte y más tarde arribó a la Tierra en los meteoritos que produjo un asteroide al impactar contra la superficie marciana. Sabemos que esto puede ocurrir porque se han identificado meteoritos marcianos entre los que se recolectan en la Antártida. Si se descubrieran pruebas de que hay o hubo vida en Marte, habría numerosas formas de confirmar si fue la fuente de la vida de la Tierra o si esta última tuvo un origen independiente. Por ejemplo, si la vida marciana utilizara los mismos ácidos nucleicos y proteínas, el mismo código genético y la misma quiralidad que la vida terrestre, todo ello respaldaría la posibilidad de que la vida llegara a la Tierra desde Marte. Si tuviera un código genético diferente o utilizara aminoácidos distintos a los de las proteínas, cabría concluir que la vida de Marte tuvo un origen separado.

La panspermia sigue siendo una simple idea. Aunque podría explicar cómo empezó la vida en la Tierra, no tiene ninguna capacidad para desentrañar la cuestión crucial de cómo puede iniciarse la vida en cualquier lugar. Propongo un término nuevo que sí arroja una predicción verificable: *panorgánica*. La mayoría de los especialistas estaría de acuerdo en que las sustancias químicas y sus reacciones están por todas partes, y en que algunos compuestos serán orgánicos si contienen carbono. De ellos, incluso habría unos pocos portadores de propiedades químicas y físicas que les permitirían ensamblarse en estructuras complejas que exhiben funciones biológicas. La predicción es que la vida puede surgir en cualquier planeta habitable parecido a la Tierra primitiva, como Marte hace tres mil millones de años. Esta predicción se está comprobando ahora con los todoterrenos robóticos que buscan signos de vida en nuestro hermano planetario.

Coacervados

Aleksandr Oparin escribió en 1924 el primer libro científico que versa sobre el origen de la vida, y en él planteaba que el origen de la vida se puede entender como un proceso químico. Escribió su obra en ruso y no tuvo mucha difusión, pero en 1938 se publicó traducida al inglés. En 1929, el científico británico J. B. S. Haldane publicó un ensayo breve en el que exponía una idea similar a la de Oparin: que la vida puede surgir como resultado de las reacciones químicas que se producían en la Tierra primitiva. Oparin siguió investigando durante cincuenta años más, y a lo largo de ese tiempo ideó el concepto de *coacervados*, los cuales definió como estructuras autoensambladas del tamaño de una célula compuestas por polímeros. Este concepto inspiró a Sidney Fox para someter aminoácidos secos a temperaturas parecidas a las que albergan los volcanes. Los aminoácidos se fundían y formaban polímeros que denominó proteinoides. Además, en determinadas condiciones, los polímeros se agregaban en microesferas de proteinoides que él consideró pasos hacia la aparición de la vida. A medida que hemos ido conociendo más detalles de la biología molecular, esta propuesta se ha abandonado en gran medida.

Chispas eléctricas y química de gases

En 1952, Stanley Miller era un estudiante de posgrado en la Universidad de Chicago que trabajaba bajo la dirección del premio nobel Harold Urey. Convenció a Urey de que sería interesante ver qué sucedía si se exponía una mezcla de gases a una chispa eléctrica. La idea era que las descargas eléctricas, como los relámpagos de las tormentas, pudieron provocar ciertas reacciones químicas en la atmósfera primitiva antes de que comenzara la vida. Partieron del supuesto de que aquella atmósfera estaba compuesta por hidrógeno, metano, amoniaco y vapor de agua, y con esos ingredientes simularon la atmósfera primigenia de la Tierra primitiva dentro de una esfera de cristal. Tras varios días de chispazos, la mezcla se volvió de color marrón rojizo, lo que evidenció que algo estaba ocurriendo. Cuando Miller analizó la solución acuosa, se encontró con el sorprendente resultado de que se habían sintetizado varios aminoácidos. La publicación del artículo de Miller en 1953 causó sensación y se considera el inicio del estudio científico del origen de la vida.

Miller pasó la mayor parte de su carrera en el Departamento de Química de la Universidad de California en San Diego. Él y su alumnado publicaron cientos de artículos, en su mayoría limitados a reacciones que dan lugar a moléculas pequeñas relacionadas con el origen de la vida, más que a reacciones de polimerización o al ensamblaje de membranas delimitadoras.

Superficies minerales

En el libro de 1967 titulado *El origen de la vida*,[1] John Desmond Bernal planteó que los minerales de arcilla tienen unas propiedades especiales que podrían guiar las reacciones químicas relacionadas con los orígenes de la vida. El investigador escocés Graham Cairns-Smith profundizó en esta idea, y propuso que las superficies de los minerales de arcilla contienen información en su organización cristalina que podría transmitirse a los ácidos nucleicos que se formaran en su superficie. James Ferris pasó gran parte de su carrera en el Instituto Politécnico Rensselaer investigando modelos de laboratorio de la química de la arcilla, y demostró que una arcilla especial llamada montmorillonita adsorbe mononucleótidos activados químicamente de tal manera que se polimerizan en cadenas cortas de ARN.

Günter Wächtershäuser propuso que la superficie de un mineral de sulfuro de hierro llamado pirita (comúnmente conocido como el oro de los locos) tiene el potencial de adsorber compuestos orgánicos relacionados con la vida. Además, la formación del mineral de pirita se asociaba con un poder reductor capaz de transformar moléculas simples, como el dióxido de carbono, en compuestos útiles para la biología, como los aminoácidos. En otras palabras, las primeras formas de vida no comenzaron siendo células, sino reacciones metabólicas en la superficie de algún mineral común. El metabolismo bidimensional quedaría encapsulado con posterioridad dentro de membranas lipídicas y con ello

---

[1] John Desmond Bernal, *The Origin of Life*. Versión en castellano: *El origen de la vida*, trad. de Jaime Terrades y José Serrano. Barcelona: Destino, 1977. (*N. de la t.*)

daría lugar a las primeras formas de vida celular. Wächtershäuser realizó algunas pruebas experimentales relacionadas con su idea, y demostró que se pueden sintetizar algunas especies químicas simples, pero el concepto no ha trascendido mucho más allá.

Surtidores hidrotermales

Los respiraderos hidrotermales denominados fumarolas negras fueron descubiertos por Jack Corliss en 1977 durante sus inmersiones dentro del sumergible Alvin cerca de las islas Galápagos (lámina 9). La fuente de calor de las fumarolas negras es un campo de magma subyacente, por lo que el agua ácida que sale por los respiraderos puede alcanzar temperaturas superiores a los 300 °C. El «humo» negro se compone de sulfuros metálicos. En 2001 se descubrió un surtidor hidrotermal de otro tipo, el llamado Ciudad Perdida, cerca de la dorsal mesoatlántica situada entre las masas continentales de África y América. Esta clase de chimeneas recibe el nombre de fumarolas blancas, y su fuente de calor no consiste en magma caliente, sino en la serpentinización que causa el agua del mar cuando reacciona con los minerales del fondo marino y crea otro mineral llamado serpentina. Esta reacción produce agua muy alcalina con gas hidrógeno disuelto.

Ambos tipos de chimeneas dan cobijo a bacterias microscópicas y organismos más grandes, como los gusanos tubícolas. Poco después de su descubrimiento, se propuso que la vida pudo comenzar en surtidores hidrotermales debido a la energía química disponible en las soluciones acuosas. Esta idea se amplió hasta crear una red conceptual de reacciones que describiremos más adelante. Sin embargo, como los surtidores hidrotermales se encuentran en entornos marinos profundos, no se han efectuado experimentos para una comprobación directa de estas hipótesis.

Primer modelo de metabolismo

El metabolismo se define como todas aquellas reacciones bio-químicas que tienen lugar dentro de una célula viva y que son esenciales para la vida. Es obvio que las primeras formas de vida tuvieron que contar con una versión primitiva de metabolismo, pero no es nada evidente cómo pudo suceder sin enzimas ni el transporte de nutrientes a través de membranas hasta el interior de las células. Sin embargo, podemos emitir algunas conjeturas extrapolando a partir de lo que sabemos sobre el metabolismo de las células vivas actuales, y el origen del metabolismo sigue centrando la atención de algunos de los especialistas que traba-jan en la cuestión de cómo puede empezar la vida. Por ejemplo, Michael Russell, William Martin y Nick Lane han propuesto que los surtidores hidrotermales pudieron proporcionar una fuen-te de energía química para reacciones metabólicas primitivas, y Harold Morowitz defendió que en la vida actual aún se observan vestigios de rutas metabólicas primitivas.

Un mundo de lípidos y el modelo GARD

Doron Lancet, del Instituto Weizmann de Israel, planteó que un paso importante para la emergencia de la vida sería el autoen-samblaje de ciertos compuestos en estructuras microscópicas portadoras de conjuntos específicos de compuestos orgánicos. Si esa mezcla de compuestos lograra extraer energía del entorno, podrían cambiar de tal manera que las estructuras crecieran y se reprodujeran por división en células hijas. La cuestión esencial es que su composición molecular representaría un tipo de infor-mación que se transmitiría a la progenie. Esta idea se desarrolló por primera vez mediante un modelo por ordenador llamado GARD (de *graded autocatalytic replication domain* o «dominio de replicación autocatalítica gradual»). El ensamblaje de moléculas lipídicas en agregados microscópicos denominados micelas o vesículas con una estructura de frontera membranosa se considera un modelo de GARD ajustado al mundo real. Esta idea se amplió para crear el concepto más general de un «mundo lipídico» anterior al origen de la vida que empleaba información composicional, en lugar de las secuencias de monómeros en moléculas lineales de ácido nucleico que usa toda la vida actual para almacenar la información genética.

Un mundo de ARN

A medida que iba aumentando poco a poco el conocimiento de la estructura de los ácidos nucleicos después de que James Watson y Francis Crick desvelaran la estructura del ADN en 1953, se especuló con que el ARN podría tener propiedades catalíticas. Esto se confirmó en 1982 cuando Tom Cech y Sid Altman descubrieron que ciertos tipos de ARN son capaces de catalizar su propia hidrólisis, lo que les valió el Premio Nobel en 1989. Las especies de ARN catalítico pasaron a conocerse como ribozimas porque se parecen a las enzimas, pero están compuestas de ARN y no de proteínas. En 1986, Walter Gilbert, de Harvard, escribió un ensayo breve en el que empleó la expresión «mundo de ARN» para definir las formas de vida primigenias que usaban ARN tanto como catalizador como para almacenar información genética. Esta ha sido una hipótesis de trabajo fructífera que describiremos con más detalle más adelante.

Charcas templadas

En una carta escrita en 1871 a su amigo Joseph Hooker, Charles Darwin incluyó varias frases clarividentes que han vuelto a cobrar actualidad casi 150 años después:

> En la actualidad se suele decir que ahora se dan todas las condiciones que pudieron darse en cualquier otro tiempo para la

primera formación de un ser vivo. Pero si lográramos concebir (y, oh, qué grande es este *si*) que en alguna charca templada provista de toda clase de sales de amoniaco y fósforo con presencia de luz, calor, electricidad, etc., se formara químicamente un compuesto proteico listo para experimentar cambios aún más complejos, en el presente tal materia quedaría devorada o absorbida al instante, lo cual no habría ocurrido antes de que se formaran seres vivos.

¿Hay una hipótesis comprobable en esta conjetura de Darwin? Otros investigadores de campo estarán de acuerdo con gran parte de la información que figura en este apartado, pero algunos se mostrarán escépticos ante ideas que no concuerden con las suyas. En pocas palabras, es posible que el agua dulce de las fuentes termales situadas en masas de tierras volcánicas tenga unas propiedades físicas y químicas más propicias para el origen de la vida que el agua salada del mar. El razonamiento proviene de una observación que puede efectuar cualquiera si visita paisajes volcánicos, y es que las pequeñas charcas alimentadas por las fuentes termales atraviesan ciclos de evaporación y rellenado. Experimentos de laboratorio han revelado que los ciclos de humedad y sequedad concentran reactivos potenciales y proporcionan energía para sintetizar los polímeros esenciales para la vida. Si hay moléculas similares al jabón, los polímeros se encapsulan en compartimentos microscópicos rodeados por membranas. Este proceso se describe con gran detalle en mi libro *Assembling Life* (Oxford University Press, 2019) y se ha comprobado en laboratorio y en emplazamientos volcánicos como Yellowstone, Kamchatka y las fuentes termales de Nueva Zelanda.

Los polímeros encapsulados se denominan protocélulas. No están vivas, pero tienen la capacidad de experimentar selección y los primeros pasos evolutivos que conducen a la vida. Esto es mera especulación y aún no tiene un respaldo experimental, pero el proceso de comprobación ha comenzado. Cuando haya resultados, tal vez revelen que un sistema de polímeros funcionales organizados en protocélulas es capaz de tomar energía y nutrientes del entorno y de emplearlos para crecer y reproducirse. Ni siquiera unos resultados positivos permitirían concluir que la vida comenzó de esta manera hace cuatro mil millones de años, pero sí permitirían afirmar que la vida puede comenzar así en planetas habitables como lo fueron la Tierra y Marte primitivos.

El resto de esta parte del libro describe resultados compatibles con que la vida comenzara en un surtidor caliente, así como las ideas principales de las hipótesis del mundo lipídico y del mundo de ARN.

Toda la vida actual es celular, y probablemente también lo fueron las primeras formas de vida

La unidad básica de toda la vida actual es la célula, pero ¿cómo se volvió celular la primera forma de vida? ¿Es posible la vida no celular? Imagine que a un joven químico lo contratan como profesor ayudante en una universidad modesta. El jefe de departamento le enseña el laboratorio. Hay mucho espacio en él y unas bonitas estanterías y mesas de laboratorio, pero sobre ellas hay pequeños montones de productos químicos. El superior confiesa con vergüenza que el departamento se quedó sin fondos y no pudo comprar material de vidrio. «Entonces, ¿cómo haré los experimentos?», pregunta el joven.

En efecto, sin compartimentos, como frascos, vasos de precipitados y tubos de ensayo, es prácticamente imposible efectuar experimentos. Lo mismo sucedió con la aparición de la vida. A menos que las combinaciones de varios compuestos solubles puedan permanecer juntas en un espacio, los experimentos naturales necesarios para que dé comienzo la vida jamás podrían suceder.

Entonces, ¿de dónde salieron las primeras membranas? En realidad, esta es una de las preguntas más fáciles de responder ya que hoy en día sabemos mucho sobre las membranas que se forman en las células vivas. Si extraemos las membranas de cualquier célula, desde la bacteria más simple hasta las neuronas del cerebro, descubrimos que están compuestas por fosfolípidos mezclados con otras moléculas como el colesterol. Si mezclamos los lípidos con agua, forman espontáneamente vesículas microscópicas del tamaño de una célula. Si tratamos los fosfolípidos con ácido, se descomponen en moléculas jabonosas de ácidos grasos, glicerol y fosfatos. Los ácidos grasos son, de hecho, las mismas moléculas que dan lugar a las membranas de las pompas de jabón.

¿Cómo lo sabemos?

Una molécula de jabón tiene una cadena larga de hidrocarburos que termina en un grupo carboxilo similar al dióxido de carbono (CO_2). Un jabón típico presenta este aspecto:

$$H_3C\text{-}CH_2\text{-}CH_2\text{-}CH_2\text{-}CH_2\text{-}CH_2\text{-}CH_2\text{-}CH_2\text{-}CH_2\text{-}CH_2\text{-}CH_2\text{-}COOH.$$

Éste es el ácido láurico y pertenece a una clase de compuestos llamados anfífilos, un término formado por vocablos griegos que significan «amar a ambos». La cadena de hidrocarburos «ama» el aceite, y el grupo carboxilo «ama» el agua, lo que confiere a estas moléculas una propiedad valiosa que es esencial para la vida. Todos hemos soplado alguna vez burbujas de jabón anfifílico: el colorido contorno de las burbujas es, de hecho, una especie de membrana. Otros anfífilos componen las membranas que conforman estructuras delimitadoras esenciales para toda la vida celular actual, así como para las primeras células primitivas que surgieron por autoensamblaje en la Tierra primigenia.

La figura 2.1 muestra lo que ocurre cuando se seca un trocito de jabón sobre un portaobjetos de vidrio y después se tapa con un cubreobjetos. No ocurre nada hasta que se añade agua, y entonces las moléculas de jabón empiezan a formar de inmediato estructuras tubulares de las que empiezan a brotar vesículas del tamaño de una célula.

Lo sorprendente es que el mismo proceso puede darse en material orgánico extraído de un meteorito carbonáceo, tal como se muestra en la figura 2.2. El extracto se secó sobre el portaobjetos de un microscopio y después se le añadió una gota de agua. A partir de los compuestos jabonosos que se sabe que existen en el extracto se ensamblaron abundantes vesículas microscópicas. Estas refulgen al exponerlas a luz ultravioleta porque las membranas también contienen unos compuestos fluorescentes denominados hidrocarburos aromáticos policíclicos (HAP). A partir de resultados como este, es razonable suponer que en las masas de superficie volcánica de la Tierra prebiótica se acumularon mezclas similares de compuestos orgánicos que tal vez fueran arrastradas por la lluvia hasta surtidores calientes, donde las moléculas jabonosas formaron los compartimentos microscópicos necesarios para el origen de la vida celular.

La vida necesita agua líquida

Para hacernos una idea de lo necesaria que es el agua líquida, podemos plantearnos la pregunta contraria: ¿por qué no puede surgir vida en el hielo o en un lugar como el desierto de Atacama, en Chile, donde casi no hay ninguna precipitación de lluvia? Es cierto que hay organismos vivos capaces de sobrevivir en un estado congelado o deshidratado, pero ¿están vivos? No exactamente, puesto que no exhiben ninguna de las funciones habituales que definen la vida, como el metabolismo, el crecimiento y la reproducción.

Este es el motivo por el que las pozas hidrotermales son entornos muy probables para el comienzo de la vida. Las razones son varias, pero una característica importante de estas pozas es

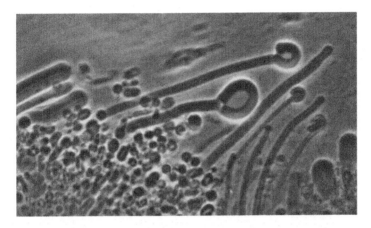

Figura 2.1 Las gruesas membranas que se ensamblan al exponer al agua moléculas de jabón seco se componen en realidad de cientos de capas que forman los tubos y vesículas de la imagen. Son estructuras inestables que se deshacen poco a poco en vesículas membranosas microscópicas formadas por una sola capa bimolecular de moléculas de jabón demasiado pequeñas para detectarlas con los aumentos empleados para esta fotografía. *Créditos*: Daniel Milshteyn.

que atraviesan ciclos de hidratación y deshidratación. Algunos ciclos son muy veloces, como el agua que sale de los géiseres y salpica y se seca en las rocas calientes de las proximidades. Otros ciclos son más lentos, ya que el agua de las pozas se evapora al cabo de días o semanas, y luego vuelve a llenarlas cuando llueve. En las películas que se depositan sobre las superficies minerales durante la evaporación pueden darse dos tipos de reacciones: el autoensamblaje de anfífilos en estructuras membranosas y reacciones de condensación que producen polímeros.

Ahora podemos responder la pregunta de por qué la vida necesita agua líquida. El agua líquida es un disolvente benigno que permite la difusión de disoluciones moleculares. La difusión en este caso tiene un significado técnico, y alude al movimiento de moléculas disueltas que pululan al azar dentro de la mezcla. Si existe un gradiente de concentración, la difusión hace que las disoluciones se desplacen de las regiones con más concentración a las de menor concentración. Por ejemplo, cuando inspiramos, hay una concentración mayor de oxígeno en el aire que en la sangre que circula por los pulmones, por lo que el oxígeno se difunde hacia la sangre, la cual lo transporta al resto del cuerpo. Si plantamos una semilla, el agua se difunde desde el suelo hacia la semilla seca, que entonces puede cobrar vida y empezar a crecer.

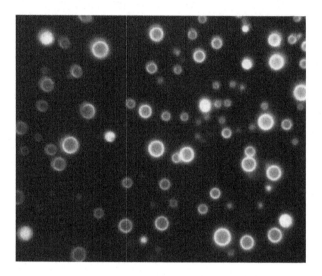

Figura 2.2 Los compuestos anfifílicos aislados a partir del meteorito Murchison se pueden ensamblar en vesículas del tamaño de una célula delimitadas por una membrana. Estos compuestos consisten en una mezcla de ácidos grasos jabonosos con compuestos policíclicos que producen una fluorescencia azul cuando se alumbran con luz ultravioleta al microscopio. Aunque es probable que sean más antiguos que la Tierra, los compuestos conservan la capacidad de ensamblarse en membranas. Las vesículas más pequeñas tienen un tamaño similar al de los glóbulos rojos de la sangre. *Créditos*: Autor.

¿Cómo lo sabemos?

Parece obvio que la vida necesita agua líquida porque vemos organismos vivos allí donde hay agua en forma de ríos, lagos y océanos, o de precipitaciones de lluvia en tierra firme. Pero esto no es más que una observación y no responde la pregunta de «por qué». Piense un momento: ¿se pueden hacer pompas de jabón con jabón seco? ¡Por supuesto que no! El agua es esencial para disolver el jabón, y las propiedades físicas de las moléculas del agua y el jabón permiten que el jabón forme vesículas membranosas de manera espontánea.

La vida probablemente comenzó en aguas dulces de islas volcánicas

Debo advertir al público lector que este apartado es controvertido. Debido a la gran cantidad de agua que hay en el océano, siempre se ha dado por sentado que la vida tuvo que comenzar allí. Sin embargo, cuando se examina este supuesto con más detenimiento surgen dos problemas importantes. Por ejemplo, el volumen del océano es enorme, por lo que las disoluciones de los compuestos orgánicos necesarios para el comienzo de la vida estarían tan diluidas que no podrían encontrarse para reaccionar. En cambio, hasta las disoluciones muy diluidas se concentran en extremo cuando el agua se evapora en las pequeñas pozas de agua dulce de las fuentes termales volcánicas. Otra dificultad consiste en que el agua de mar es lo que se conoce como agua dura, por su alta concentración de iones de calcio y magnesio. Si intentamos lavarnos las manos con agua dura y jabón, no funciona muy bien; la razón es que el calcio y el magnesio reaccionan con el jabón y forman agregados a modo de terrones en lugar de mantenerlo «jabonoso». Sin embargo, hemos comprobado que las vesículas membranosas se ensamblan con facilidad en el agua dulce de las fuentes termales volcánicas.

Por último, y tal vez esto sea lo más importante, es imposible que los monómeros formen polímeros en el agua del mar porque se trata de una reacción desfavorable desde el punto de vista termodinámico. En otras palabras, hay que aplicar energía para formar polímeros, y la única manera de introducir energía en las reacciones de polimerización en disolución consiste en la activación química de los monómeros. Los procesos metabólicos de toda la vida actual activan monómeros como los aminoácidos y utilizan enzimas para polimerizarlos en proteínas, pero nadie ha demostrado de forma experimental un mecanismo viable mediante el cual pudiera suceder esto en el océano prebiótico. En cambio, se sabe desde hace años que se puede introducir suficiente energía en el agua dulce mediante la mera evaporación de una disolución de monómeros y el calentamiento de la película seca.

¿Cómo lo sabemos?

Durante nuestra investigación hemos colocado pequeños frascos que contienen los monómeros de ARN en el borde de una fuente caliente de Nueva Zelanda, y los hemos sometido a cuatro ciclos de humedad y desecación con agua de esa fuente. Cuando se analizaron las muestras en el laboratorio, se hallaron muy buenas producciones de polímeros parecidos al ARN. Este resultado respalda la idea de que los polímeros de ácidos nucleicos de la vida pueden sintetizarse en condiciones parecidas a las de la Tierra prebiótica y no solo en el laboratorio. La lámina 10 muestra una representación artística de cómo era la Tierra en el momento en que comenzó la vida.

La vida necesita monómeros

Hay tres tipos principales de moléculas denominadas monómeros que pueden unirse químicamente y dar lugar a cadenas lineales o ramificadas llamadas polímeros. Estos monómeros son aminoácidos, monosacáridos y nucleótidos, de los que se ofrecen ejemplos en la lámina 11. Es importante entender que los enlaces químicos que unen los monómeros en polímeros se forman mediante una reacción llamada condensación, en la que se elimina una molécula de agua situada entre los grupos químicos de los monómeros. Esto suena complicado pero en realidad es bien simple. Por ejemplo, uno de los enlaces más importantes en biología se denomina enlace éster. Supongamos que mezclamos ácido acético, el que confiere su acidez al vinagre, con alcohol común. Parte del ácido acético formará un enlace de éster con el alcohol para producir acetato de etilo y una molécula de agua: $CH_3\text{-}CH_2\text{-}OH + CH_3\text{-}COOH \rightarrow CH_3\text{-}COO\text{-}CH_2\text{-}CH_3 + H_2O$. Muchos de los sabores y aromas de las frutas y verduras son ésteres, como el acetato de bencilo de las peras y las fresas, y el butirato de butilo de las piñas. El salicilato de metilo es el sabor de la gaulteria, y el acetato de amilo da el aroma a los plátanos.

La cuestión es que si se siguen añadiendo monómeros hasta formar una cadena, se sintetiza un polímero. Un polímero muy conocido es el poliéster empleado en la industria textil, que está compuesto por ácidos orgánicos y alcoholes unidos por enlaces éster. Los ácidos nucleicos como el ADN y el ARN también encajan con la definición de un poliéster.

¿Cómo lo sabemos?

Cuando los científicos empezaron a estudiar las sustancias químicas de la vida en la década de 1800, descubrieron que la mayoría de las sustancias que aislaban podían descomponerse al calentarlas disueltas en un ácido como el clorhídrico. Por ejemplo, al calentar el almidón con un ácido se descomponía en las moléculas que ahora denominamos glucosa. Un tratamiento similar de las proteínas las descomponía en aminoácidos. El primer ácido nucleico se describió en 1869, y su tratamiento con ácido también lo fragmentaba en cuatro monómeros diferentes llamados nucleótidos.

La vida actual utiliza veinte aminoácidos diferentes para fabricar proteínas, pero ¿cuál fue la fuente de aminoácidos que emplearon las primeras formas de vida? Ahora sabemos que el meteorito Murchison contiene más de setenta compuestos clasificados como aminoácidos, lo que significa que los aminoácidos pueden sintetizarse mediante reacciones químicas no biológicas. El meteorito Murchison también contiene nucleobases, como la adenina y la guanina, que forman parte de la estructura de los ácidos nucleicos. Los nucleótidos son más complicados que los aminoácidos porque se componen de una nucleobase unida a un azúcar que está unido a un fosfato. Sin embargo, en tiempos recientes se ha dado a conocer una serie de reacciones químicas capaces de sintetizar los cuatro nucleótidos a partir de compuestos más simples que probablemente estaban disponibles en la Tierra prebiótica. ¿Es posible que monómeros de nucleótidos formaran los polímeros de los ácidos nucleicos en la Tierra primigenia? Parece viable que la vida no inventara los ácidos nucleicos, sino que surgiera cuando los ácidos nucleicos se encapsularon en compartimentos membranosos durante los ciclos de humedad y desecación que se producen en las fuentes termales.

La vida se compone de polímeros

Los polímeros son conocidos en el mundo actual porque componen plásticos como el polietileno, el poliestireno, el polipropileno, los poliésteres y una larga lista adicional. La vida no está compuesta de plástico, sino que las células vivas utilizan polímeros llamados ácidos nucleicos y proteínas. La figura 2.3 ilustra el aspecto de un polímero proteico a una escala molecular.

Una manera sencilla de ilustrar cómo funcionan las proteínas y los ácidos nucleicos consiste en imaginar la construcción de una célula viva. Nadie lo ha conseguido todavía, pero la figura 2.4 muestra cómo podría ensamblarse una célula bacteriana en

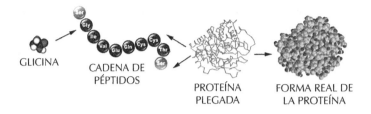

GLICINA CADENA DE PÉPTIDOS PROTEÍNA PLEGADA FORMA REAL DE LA PROTEÍNA

Figura 2.3 Aminoácidos, como la glicina, pueden incorporarse a largas cadenas poliméricas de proteínas. La hebra se pliega luego y forma una estructura específica cuyas propiedades físicas y químicas guardan relación con las funciones de la célula. Una de las más relevantes es la catálisis enzimática de reacciones metabólicas que tienen lugar en la superficie de la enzima, donde aminoácidos específicos crean un sitio activo. *Créditos*: Adaptación del autor.

un experimento mental. Partiremos del ADN situado en la izquierda superior, que contiene los genes que guían la síntesis de proteínas. Un ADN bacteriano típico consiste en un anillo enrollado en una estructura denominada nucleoide, que contiene alrededor de 5.000 genes incrustados en un polímero de ácido nucleico compuesto por cinco millones de pares de bases (en comparación, el ADN del genoma humano tiene tres mil millones de pares de bases). El siguiente paso consiste en colocar el ADN en un compartimento membranoso. Esto es fácil de hacer en el laboratorio y las estructuras resultantes se denominan protocélulas; no están vivas, pero son un paso esencial hacia el surgimiento de la vida. A continuación, añadimos el ARN y las proteínas. La mayor parte del ARN de una célula se encuentra en los ribosomas, los puntos negros de la ilustración. Las proteínas también forman parte de la estructura de los ribosomas, y los millares de enzimas proteicas del citoplasma se muestran en gris claro. La estructura resultante está viva ya, porque es un sistema de genes en ADN encapsulado dentro de un compartimento membranoso junto con ribosomas y enzimas. El sistema puede utilizar nutrientes y energía para crecer y reproducirse. Algunas de las células microbianas más simples son sencillamente así, pero resultan muy frágiles y solo crecen en unas condiciones muy particulares. La mayoría de las bacterias de vida libre ha desarrollado una pared celular que las protege de las tensiones ambientales. Algunas bacterias incluso portan flagelos compuestos de proteínas. Estos giran como pequeñas hélices y desplazan las bacterias por el agua para que tengan más posibilidades de encontrar nutrientes.

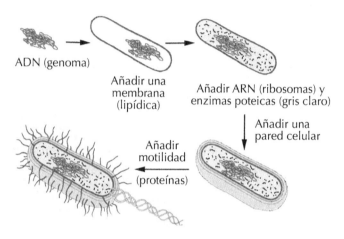

ADN (genoma)

Añadir una membrana (lipídica)

Añadir ARN (ribosomas) y enzimas poteicas (gris claro)

Añadir una pared celular

Añadir motilidad (proteínas)

Figura 2.4 Receta paso a paso para ensamblar una célula viva.
Créditos: Autor.

¿Cómo lo sabemos?

El microscopio electrónico se inventó en la década de 1930 y nos proporcionó las primeras imágenes de la estructura celular con una resolución a escala molecular. La imagen central de la figura 2.5 muestra una sola bacteria teñida con un metal pesado llamado osmio y que después se incrustó en resina epoxi y se cortó en secciones muy delgadas con una cuchilla de diamante. En ella se ven con claridad la pared celular exterior y la membrana, así como el nucleoide de ADN situado en el centro. La

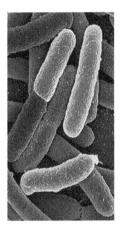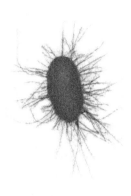

Figura 2.5 La imagen de la izquierda muestra el aspecto tridimensional que presentan algunas bacterias al observarlas por un método denominado microscopia electrónica de barrido. La imagen del centro representa una sola bacteria fijada, teñida y después incrustada en resina para extraer de ella una sección muy delgada que permite ver su estructura interior, como el ADN dentro del nucleoide. La imagen de la derecha es una célula bacteriana teñida con una técnica que revela las estructuras fibrosas que permiten a las bacterias adherirse a colonias y a superficies. *Créditos*: Montaje del autor a partir de imágenes de dominio público.

imagen de la izquierda se tomó con un microscopio electrónico de barrido, el cual revela la superficie de las células bacterianas como una estructura tridimensional. La imagen de la derecha es una célula bacteriana teñida y secada sobre una membrana muy fina, y muestra unas estructuras llamadas fimbrias que sobresalen del citoplasma a través de la pared celular. Imágenes como estas nos permiten crear la composición de la figura 2.5. Lo más importante de este ejercicio es que, exceptuando las membranas, cada estructura adicional de la imagen es un polímero, y los polímeros se construyen a partir de monómeros como aminoácidos, nucleótidos y monosacáridos. Esto significa que para desentrañar el origen de la vida debemos descubrir un modo de sintetizar polímeros sin la intervención de enzimas hace cuatro mil millones de años que, a continuación, los deje encapsulados en compartimentos membranosos para formar protocélulas capaces de evolucionar y dar lugar a las primeras células vivas.

Los compuestos orgánicos necesarios para el surgimiento de la vida estaban disponibles

La Tierra, su agua y su atmósfera están formadas por compuestos depositados aquí por la acreción de material presente en la nebulosa que circundaba el Sol. Sin embargo, poco después de que la Tierra casi alcanzara el tamaño que tuvo en su origen, su órbita se cruzó por casualidad con la de un planeta del tamaño de Marte y ambos objetos chocaron. El impacto dejó un anillo de material rocoso alrededor de la Tierra a partir del cual se formó la Luna. La energía liberada por la colisión dejó a la Luna y a la Tierra a la temperatura de la lava fundida. Solo los compuestos simples de carbono, como el dióxido de carbono, pudieron sobrevivir a estas temperaturas, de modo que los compuestos más complejos quedaron destruidos. Los compuestos orgánicos necesarios para la vida solo pudieron existir después de que la Tierra se enfriara y albergara un océano global.

Existen dos fuentes posibles de compuestos orgánicos: su liberación por parte de polvo microscópico, meteoritos y hasta cometas, la cual continuaba a un ritmo muy elevado hace cuatro mil millones de años; o su síntesis mediante procesos químicos ocurridos en la atmósfera o la corteza terrestre. No se sabe cuál fue la fuente primaria, pero en cualquiera de los dos casos los compuestos iniciarían una transformación química inmediata a través de fuentes de energía como el calor y la luz. Esto significa que la mezcla no sería estable, sino que habría un aporte constante de compuestos orgánicos adicionales que de forma continua se transformarían en otros compuestos. Lo que sí sabemos es que hoy en día siguen llegando compuestos orgánicos con la caída de meteoritos carbonosos y partículas de polvo a la Tierra, por lo que pueden servirnos como orientación sobre los tipos de sustancias que probablemente estaban disponibles para las reacciones químicas que condujeron a las primeras formas de vida. También sabemos que en laboratorio se pueden producir compuestos orgánicos importantes, como aminoácidos, nucleobases e hidrocarburos de tipo lipídico, si se simulan las condiciones que hubo en la Tierra prebiótica. Una suposición razonable es que estas reacciones también ocurrieron en la Tierra primitiva.

¿Cómo lo sabemos?

En septiembre de 1969, un bólido cruzó el cielo de Murchison (Australia) y estalló en el aire. Los pedazos cayeron en los campos aledaños y entre los habitantes de la ciudad, y los científicos que acudieron al lugar recuperaron unos 100 kilos de aquellos restos. Uno de los fragmentos se envió al centro de investigación Ames de la NASA, en Mountain View (California), donde se analizó con técnicas modernas. El meteorito de Murchison contenía numerosos compuestos orgánicos, incluidos aminoácidos, que debieron de sintetizarse mediante reacciones químicas no biológicas. A lo largo de los siguientes cincuenta años de estudios, se añadieron otros compuestos a la lista de los que probablemente estaban disponibles en la Tierra primitiva antes de que comenzara la vida, incluyendo las nucleobases del ADN y el ARN; los monosacáridos, como la ribosa, que también forman parte de los ácidos nucleicos; y los derivados de hidrocarburos de cadena larga llamados ácidos grasos, capaces de ensamblarse para formar membranas. Lo más sorprendente es que todos estos compuestos pueden sintetizarse a partir de compuestos reactivos simples, como el cianuro de hidrógeno (HCN), el formaldehído (HCHO) y el monóxido de carbono (CO).

La lámina 12 muestra la composición del meteorito Murchison. La siguiente cuestión fue averiguar cómo pueden ensamblarse estas piezas para conformar los biopolímeros esenciales de la vida (proteínas y ácidos nucleicos), y cómo pueden encapsularse los biopolímeros en compartimentos membranosos como paso esencial hacia el origen de la vida.

Para reaccionar, los compuestos orgánicos tienen que estar concentrados

Los especialistas en química orgánica saben que una solución de posibles reactivos tiene que estar concentrada para que se produzca la reacción. Cualquier compuesto que cayera en el océano global de la Tierra primitiva se diluiría en extremo. Incluso si todos los aminoácidos y carbohidratos de la vida actual se disolvieran en el océano, su concentración quedaría tan rebajada que cada molécula estaría rodeada por diez millones de moléculas de agua. Sin embargo, existe una alternativa al agua del mar, y es el agua dulce que se evapora del océano salado y cae en forma de lluvia en las masas de tierra volcánica. Cualquiera que visite la isla volcánica de Hawái lo experimentará casi a diario cada vez que llueva. La propiedad más importante del agua dulce que hay en tierra es que forma pequeñas charcas que atraviesan ciclos periódicos de desecación. Los compuestos orgánicos que entran en las pozas se concentran mucho durante el proceso de desecación y forman películas sobre las superficies minerales. En estas costras concentradas pueden producirse reacciones químicas entre las que figura la polimerización, que incrementa la complejidad de soluciones de compuestos orgánicos que, de otro modo, serían simples.

¿Cómo lo sabemos?

Cualquiera que visite lugares volcánicos como el Parque Nacional de Yellowstone, en Wyoming, o Rotorua, en Nueva Zelanda, encontrará signos de los ciclos de humedad y desecación. La lámina 13 muestra pozas evaporadas que se alimentan del agua de lluvia y las fuentes calientes que flanquean el volcán Mutnovsky de Kamchatka, en Rusia. El material seco forma «cercos» en todas las rocas y luego se disuelve otra vez cuando llueve. Estudios experimentales han revelado que en estos cercos pueden producirse reacciones de polimerización.

La energía y el comienzo de la vida

El concepto de energía biológica se puede entender de forma intuitiva, igual que otros dos términos relacionados que son la entalpía y la entropía. Todos sabemos que para hacer ejercicio hay que usar energía y adquirir calor. El calor está relacionado con la entalpía porque cuando la energía de la molécula ATP (trifosfato de adenosina) causa la contracción y relajación de los músculos, esa reacción desprende calor. También sabemos que, por regla general, las cosas ordenadas tienden a desordenarse con el paso del tiempo; el efecto del desorden guarda relación con la entropía. Un ejemplo de entropía es lo que sucede cuando introducimos un cristal de sal en agua. Los átomos de sodio y cloro que componen la sal mantienen una organización muy elevada en el cristal, pero se desorganizan al disolverse en el agua. En otras palabras, crece la entropía.

Pero este entendimiento intuitivo se vuelve mucho más enrevesado cuando intentamos medir la energía y, sobre todo, cuando tratamos de entender cómo controla las reacciones químicas y los procesos físicos relacionados con la vida. Podemos empezar analizando una reacción química con la que todos estamos familiarizados: prender una vela. Encendemos una cerilla, la acercamos a la mecha y entonces las moléculas de hidrocarburos de la cera de la vela reaccionan con el oxígeno del aire y producen una llama. Como resultado se libera calor, que puede medirse si permitimos que la llama caliente un poco de agua y usamos un termómetro para determinar el aumento de la temperatura. Si utilizamos un litro de agua, en condiciones ideales, cada gramo de cera quemado incrementará la temperatura del agua en 9 °C. Una kilocaloría se define como la energía calorífica necesaria para elevar 1 °C la temperatura de un litro de agua, de modo que la cera de las velas tiene 9 kilocalorías por gramo, lo que representa el mismo aporte energético que un gramo de grasa. Un dato curioso es que el cuerpo humano quema grasa casi al mismo ritmo que una vela encendida, de modo que con cada respiración perdemos unos cuantos miligramos de dióxido de carbono que estaban presentes en los hidrocarburos de la grasa almacenada en el cuerpo.

En resumen, la cera de las velas contiene energía potencial en sus hidrocarburos que se libera cuando reacciona con el oxígeno. Los productos de la reacción son energía calorífica, dióxido de carbono y agua. Todas las células vivas de la Tierra hacen algo similar si utilizan oxígeno como fuente de energía para «quemar» grasa o carbohidratos y liberar dióxido de carbono. Pero ¿qué hay de la entropía? ¿En qué momento interviene? ¿Y cómo empezaron a funcionar las primeras formas de vida sin que hubiera oxígeno en la atmósfera?

Toda reacción química espontánea puede describirse mediante dos cantidades medibles relacionadas con un cambio de entalpía y un cambio de entropía. El cambio de entalpía se mide por el calor que desprende la reacción, y la entropía, por un cambio que puede describirse de una manera vaga como un orden que avanza hacia el desorden. Una reacción química es espontánea si los cambios de entalpía y entropía son favorables, es decir, si la reacción desprende calor y los productos de la reacción están más desordenados que los reactivos. En el caso de la vela encendida, la pérdida de energía química en forma de calor es evidente, pero el cambio de entropía se debe a que todas las moléculas de hidrocarburos originales estaban organizadas dentro de la cera

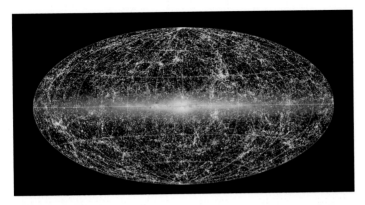

Lámina 1 En la actualidad disponemos de suficiente información astronómica para confeccionar un mapa con la distribución de las galaxias en el universo visible. No presentan una distribución aleatoria, sino que se concentran en cúmulos y hebras. La banda blanca del centro es la Vía Láctea, la imagen que tenemos de nuestra propia Galaxia al verla de perfil desde la Tierra.
Créditos: WISE, 2MASS.

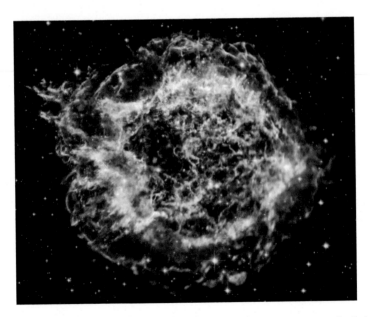

Lámina 2 El diminuto punto blanco situado en el centro de la imagen es lo único que queda de una estrella que alcanzó el final de su existencia explotando como supernova y que se denomina Casiopea A. Las partículas de polvo que lanzó la explosión se componen de elementos como el hierro (violeta), azufre (amarillo), calcio (verde) y silicio (rojo). Estos materiales emiten rayos X así como luz visible, y el color se ha añadido para señalar la distribución de los elementos en esta imagen combinada del Observatorio Chandra de rayos X y el telescopio Hubble. *Créditos*: NASA, CXC, SAO, NASA STSxl.

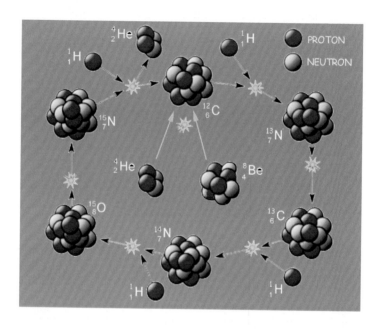

Lámina 3 Representación del ciclo de nucleosíntesis estelar productor de carbono (C), oxígeno (O) y nitrógeno (N), los elementos primordiales de la vida junto con el hidrógeno (H). Las esferas rojas representan protones y las grises, neutrones. Las cifras inferiores situadas a la izquierda de cada símbolo indican el número atómico, el cual viene definido por los protones del núcleo; el peso atómico, que incluye los neutrones, se señala en la parte superior. Cada explosión amarilla representa una reacción de fusión que libera energía, la cual resulta en su mayoría de la fusión de átomos de hidrógeno para dar lugar a helio. Cuando un núcleo de helio con dos protones y dos neutrones se fusiona con un núcleo de berilio, que porta cuatro protones y cuatro neutrones, se obtiene como resultado un núcleo de carbono con seis protones y seis neutrones. Después, el carbono puede continuar fusionándose con más protones para producir nitrógeno y oxígeno. *Fuente*: Adaptación del autor a partir de fuentes de dominio público.

Lámina 4 La galaxia llamada NGC 1566 (conocida como galaxia espiral Bailarina Española) es una verdadera belleza. En las regiones de color rosa que parecen gemas se están formando estrellas nuevas, mientras que las zonas oscuras son nubes de polvo interestelar que salió despedido al espacio tras el colapso y explosión de estrellas viejas. *Créditos*: NASA; ESA; Hubble; procesada por Leo Schatz.

Lámina 5 Formación de estrellas nuevas a partir de nubes de polvo y gas interestelares, cenizas de estrellas previas que explotaron al agotar su energía de fusión. *Créditos*: NASA, JPL-CalTech, WSE.

Lámina 6 Nube molecular en Aries. La ampliación muestra una partícula real de polvo interplanetario capturada por un avión de gran altitud. Estas partículas son los remanentes de la nube molecular interestelar en la que se formó el Sistema Solar. Los tonos celestes se han añadido para indicar la fina capa de hielo que recubre su superficie. Se ha estimado que en la atmósfera superior de la Tierra se acumulan cada año 30.000 toneladas de partículas de polvo interestelar que caen despacio hasta llegar a la superficie. Incluso cuatro mil millones de años después de que finalizara la acreción primaria, la Tierra sigue recolectando material extraterrestre en forma de partículas de polvo y meteoritos. *Fuente*: Adaptación de imágenes publicadas del telescopio Hubble.

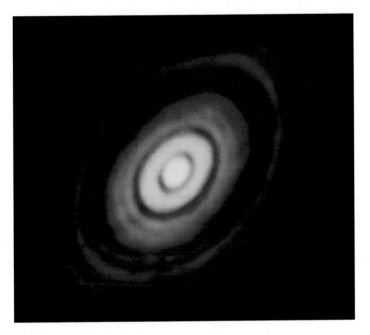

Lámina 7 Chile cuenta con un telescopio nuevo llamado Gran Red Milimétrica de Atacama («Atacama Large Millimeter Array» o ALMA) que permite observar lo que parece ser un sistema solar en proceso de formación en una estrella cercana llamada HL Tauri. La estrella solo tiene un millón de años de edad y está rodeada por un disco de gas y polvo como el que predice la teoría. Lo más probable es que los huecos que se ven claramente en el disco se deban a la captación de polvo por parte de planetas recién formados. Es razonable suponer que el Sistema Solar en el que residimos nosotros se formara mediante un proceso similar. *Créditos:* ESO, ALMA.

Lámina 8 El sistema Tierra-Luna resultó de una colisión ocurrida 4.400 millones de años atrás entre la Tierra primigenia y otro planeta por el cruce casual de las órbitas de ambos. La Luna se formó a partir de los escombros que salieron despedidos, los cuales formaron un anillo alrededor de la Tierra. Al principio la Luna se encontraba mucho más cerca de la Tierra que en la actualidad, tal como se muestra en esta representación artística. La colisión liberó tal cantidad de energía que la Tierra renovada y la Luna recién formada estaban fundidas. *Créditos*: Mark Garlick.

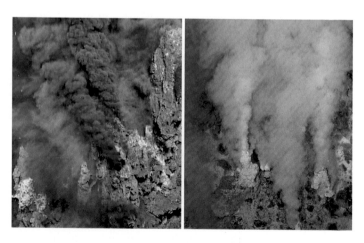

Lámina 9 Dos tipos de surtidores hidrotermales: a la izquierda, fumarolas negras, y a la derecha, «fumarolas blancas» o fuentes alcalinas. *Créditos*: USGS.

Lámina 10 Cuando la vida comenzó hace cuatro mil millones de años no había continentes. Del océano salino de dimensiones planetarias solo habían emergido algunas masas de tierra volcánica semejantes a Hawái. El agua de los océanos se evaporaba y caía en forma de lluvia sobre las islas volcánicas, con lo que daba lugar a fuentes y charcas de agua caliente como las que encontramos hoy en día en el Parque Nacional de Yellowstone. *Créditos*: Ryan Norkus y Bruce Damer.

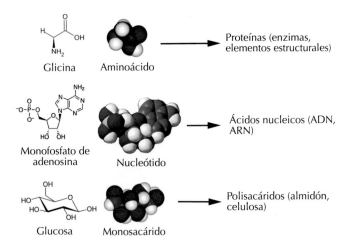

Lámina 11 Estructura química de tres monómeros primarios de la vida: un aminoácido (glicina), un nucleótido (ácido adenílico) y un monosacárido (glucosa).

Lámina 12 Los compuestos orgánicos están presentes en meteoritos carbonáceos como el que cayó cerca de Murchison, Australia, en 1969. Los meteoritos carbonáceos tienen entre el 1 y el 2 % de su masa formada por una sustancia orgánica insoluble llamada kerógeno, y cantidades menores de compuestos solubles con unas propiedades químicas relacionadas con el origen de la vida. *Créditos*: Autor.

Lámina 13 Poza evaporada de un surtidor caliente cerca del volcán Mutnovsky en Kamchatka, Rusia. *Créditos*: Autor.

Lámina 14 ADN con una tinción fluorescente encapsulado en vesículas lipídicas. *Créditos*: Autor.

Lámina 15 Un fósil de estromatolito en la región de Pilbara, en Australia Occidental. Las capas minerales fueron creadas por películas microbianas que se acumularon sobre su superficie tres mil millones de años atrás. *Créditos*: Bruce Damer.

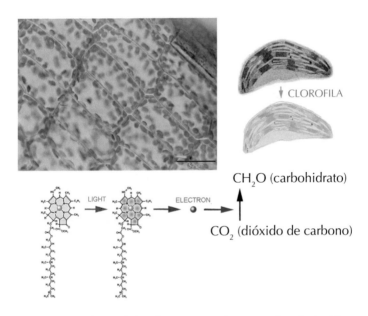

CH$_2$O (carbohidrato)

CO$_2$ (dióxido de carbono)

Lámina 16 Los cloroplastos de las plantas captan luz, que es la principal fuente de energía para toda la vida de la Tierra. Cuando una molécula verde de clorofila absorbe la luz, su estado excitado libera un electrón que se emplea para reducir dióxido de carbono en carbohidratos. Otro sistema molecular toma electrones del agua y reemplaza los electrones perdidos por la clorofila cuando esta absorbe luz. El oxígeno resultante es una fuente de energía para todos los organismos aeróbicos. *Créditos*: Autor.

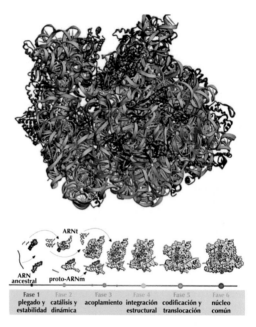

Lámina 17 Estructura del ribosoma. La subunidad pequeña se compone de una molécula de ARN (azul) que interacciona con veintiuna proteínas (violeta); la subunidad grande se compone de dos moléculas de ARN (gris) y treinta y una proteínas pequeñas (también en violeta). Otras dos moléculas de ARN implicadas en la síntesis de proteínas son el ARNm, que transporta la información genética desde el ADN hasta el ribosoma, y el ARNt, que acarrea aminoácidos hasta el sitio activo donde se incorporan a una cadena proteica en crecimiento. Las posibles fases de la evolución del ribosoma se han inferido a partir del estudio de las secuencias de bases en el ARN ribosómico. Algunas se han conservado casi intactas y, por tanto, se consideran antiguas, mientras que otras secuencias han sufrido cambios considerables y lo más probable es que sean incorporaciones más recientes.
Créditos: Harry Noller y Loren Williams.

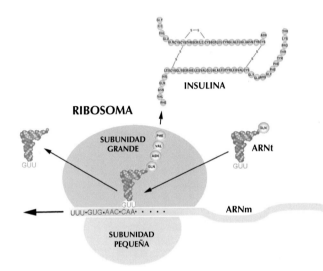

INSULINA

RIBOSOMA

SUBUNIDAD
GRANDE

PHE
VAL
ASN
GLN

GLN

ARNt

GUU

GUU

GUU

ARNm

UUU·GUG·AAC·CAA · · · ·

SUBUNIDAD
PEQUEÑA

Lámina 18 Esta figura ilustra un ribosoma sintetizando una proteína pequeña llamada insulina, que se compone de dos cadenas unidas por enlaces de disulfuro. El ARN mensajero (ARNm) porta una secuencia de bases copiada del ADN que hay en el núcleo de una célula pancreática y avanza de derecha a izquierda a través del ribosoma. El ARNm consta de cuatro bases, que son adenina (A), uracilo (U), guanina (G) y citosina (C), organizadas en codones que constan de tres de estas bases. Cada uno de estos codones especifica uno de los veinte aminoácidos que son los monómeros de las proteínas. Otra variedad de ARN denominada ARN de transferencia (ARNt) acarrea aminoácidos hasta el ribosoma. En la ilustración se muestra una molécula de ARNt con la secuencia de bases GUU en un extremo, y el aminoácido glutamina (GLN) en el otro extremo. Cuando el ARNt llega a un ribosoma, la secuencia GUU se une a su triplete complementario CAA en el ARNm, y el aminoácido se incorpora a la cadena polipeptídica en crecimiento. Hasta el instante representado se han incorporado cuatro aminoácidos –Phe (fenilalanina), Val (valina), Asn (asparagina) y Gin (glutamina)–, que son los que ocupan el final de la larga cadena de la molécula de insulina completa. *Créditos*: Autor.

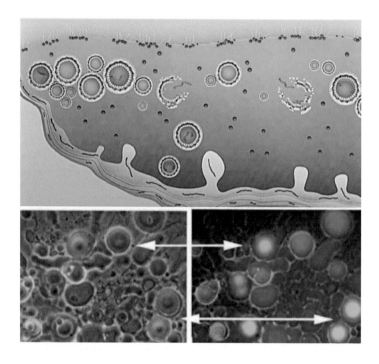

Lámina 19 Compartimentos membranosos se desprenden a partir de capas lipídicas que recubren una superficie mineral. Dentro de las capas se han sintetizado polímeros (rojo) durante la etapa seca de un ciclo de humedad y desecación, y estos se han encapsulado en vesículas lipídicas que constituyen protocélulas. Durante la fase acuosa algunas protocélulas se malogran, pero otras sobreviven porque las estabiliza el polímero encapsulado. Las dos figuras inferiores muestran vesículas lipídicas formadas mediante este proceso con tan solo un nucleótido añadido al lípido para sintetizar ADN. Después de cuatro ciclos, las protocélulas contienen ADN encapsulado, marcado con una tintura fluorescente. *Créditos*: Dibujo, Ryan Norkus; foto, autor.

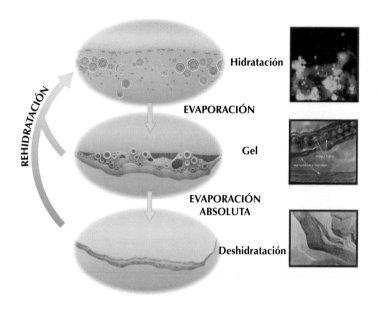

Lámina 20 Visión de conjunto del ciclo de humedad y desecación que pudo darse en las charcas de los surtidores calientes, durante el cual las poblaciones de protocélulas atraviesan tres fases distintas de selección combinatoria: una fase seca favorece la síntesis de polímeros; una fase húmeda transforma conjuntos de esos polímeros en protocélulas y pone a prueba su estabilidad y longevidad; en la fase intermedia de gel húmedo se ensamblan los agregados de protocélulas denominados progenontes. Los progenontes pueden compartir polímeros que aportan capacidad de supervivencia a la colonia. Representan una unidad de selección que sostiene un metabolismo primitivo, el crecimiento por polimerización, una replicación catalizada de los polímeros y, por último, la transición hacia células vivas. Las imágenes de la derecha muestran indicios microscópicos que respaldan cada una de las tres etapas. *Créditos*: Dibujos, Ryan Norkus; imágenes al microscopio, autor.

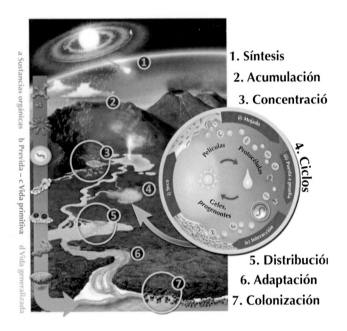

1. Síntesis
2. Acumulación
3. Concentració
4. Ciclos
5. Distribució
6. Adaptación
7. Colonización

a Sustancias orgánicas   b Previda – c Vida primitiva   d Vida generalizada

i) Seco
ii) Mojado
iii) Puesta a prueba
iv) Interacción
Películas
Protocélulas
Geles, progenontes

Lámina 21 El cuadro completo comienza con la liberación de compuestos orgánicos en una masa de tierra volcánica durante la fase 1, donde se acumulan sobre
superficies minerales. Fases 2 y 3: la precipitación arrastra los compuestos hasta
pozas de surtidores calientes, donde podrán concentrarse tras varios ciclos de
humedad y desecación. Fase 4: si en el lugar confluyen monómeros y compuestos
anfifílicos, los monómeros se polimerizan dentro de la matriz de capas lipídicas;
después, durante la fase húmeda surgen vesículas lipídicas a modo de protocélulas
con polímeros encapsulados dentro de ellas. Fase 5: los agregados de protocélulas
se distribuyen como progenontes primitivos que atraviesan selección para ganar
robustez, un metabolismo catalizado y funciones tales como la fotosíntesis. Fase 6:
los progenontes se difunden pendiente abajo hasta llegar al mar y adaptarse a un
agua cada vez más salada. Fase 7: a estas alturas los progenontes cuentan con todas
las funciones necesarias para la vida y representan el último ancestro universal
común, LUCA (Last Universal Common Ancestor). *Créditos*: Ryan Norkus.

de la vela, y luego se desordenan al liberarse en forma de dióxido de carbono y diluirse en el aire de la habitación.

La mayoría de las reacciones biológicas están dominadas por el concepto de entalpía, pero hay una reacción importante que no lo está. Imagine que mezclamos moléculas de jabón con agua y que logramos estudiar lo que les sucede. Al principio se observan moléculas individuales rodeadas por moléculas de agua, pero luego, con el paso del tiempo, se agruparán en concentraciones llamadas micelas. Cada micela contiene cientos de moléculas con sus colas de hidrocarburos en el interior y grupos carboxilo hidrófilos en el exterior. Luego, si se sigue añadiendo más jabón, las micelas empiezan a fusionarse en preciosas vesículas del tamaño de una célula. Aunque se trata de una reacción espontánea que produce orden a partir del desorden, si se midiera la temperatura no se registraría casi ningún cambio, lo que significa que las micelas y las vesículas se estabilizan por un cambio favorable en la entropía y no en la entalpía.

¿Cómo lo sabemos?

Las moléculas de agua permanecen unidas en forma de líquido porque los átomos de oxígeno e hidrógeno de H_2O portan cargas eléctricas débiles. El oxígeno tiene carga negativa y los hidrógenos tienen carga positiva. Las cargas producen fuerzas de atracción débiles que reciben el nombre de enlaces de hidrógeno y que mantienen el agua en estado líquido a temperaturas normales. En otras palabras, las moléculas de agua son como pequeños imanes con un polo norte y un polo sur, y si se mezclan muchos imanes, todos se juntan de manera que cada polo sur se une a un polo norte.

Cuando se obliga a las moléculas de jabón a entrar en el agua, las cadenas de hidrocarburos rompen necesariamente los enlaces de hidrógeno que mantienen unidas las moléculas de agua en el seno del líquido, y las moléculas de agua tienden a agruparse en torno a las cadenas de hidrocarburos. Pero si las cadenas se juntan, pueden volver a formarse enlaces de hidrógeno y el agua ordenada se desordena. En otras palabras, la entropía global aumenta, y ese proceso de desordenación compensa el hecho de que las moléculas de jabón se ordenen más en micelas. Esta ordenación espontánea de las moléculas de jabón se produce por la misma razón por la que las moléculas de lípidos se organizan en las bicapas lipídicas de las membranas, que son estructuras delimitadoras esenciales de toda la vida celular.

El autoensamblaje y la encapsulación son los primeros pasos hacia la aparición de la vida

Todo el mundo ha empleado energía para que ocurriera algo que no podría suceder de manera espontánea ni en un millón de años. Imagine que disolvemos en agua un poco de jabón para lavar los platos, que lo dejamos en una cueva y que regresamos un año después para ver qué ha pasado. Por supuesto, no habrá ocurrido nada. Podríamos esperar un millón de años y seguiría allí. La razón estriba en que las moléculas de jabón están en equilibrio, flotando en una solución como moléculas individuales o en los pequeños agregados llamados micelas que se componen de unos pocos cientos de moléculas. Pero añadamos ahora un poco de energía introduciendo en la mezcla un poco de aire al soplar a través de una pajita. Lo sorprendente es que se forman burbujas de jabón y que algunas de ellas se van flotando por el aire. Si usted no hubiera visto jamás una burbuja, este resultado le parecería asombroso. Basta con añadir la energía de un soplo de aire para que las moléculas de jabón se organicen en membranas con una capa de moléculas de jabón por la parte exterior e interior y una capa de agua entre ellas.

Esto se denomina autoensamblaje, y es una propiedad que tienen ciertas moléculas, como el jabón. Se trata de un proceso espontáneo que constituye uno de los fundamentos de toda la vida actual. Toda célula viva está delimitada por una membrana compuesta por moléculas parecidas a las del jabón y llamadas lípidos, y sin membranas la vida no podría haber comenzado. Un bioquímico podría cuestionar si los compartimentos membranosos fueron esenciales para que diera comienzo la vida, porque es fácil crear las condiciones en las que las enzimas replican el ADN y los ribosomas sintetizan las proteínas. Podría esgrimir que esos procesos son fundamentales para la vida pero no requieren compartimentos membranosos. Pero en ese caso pasaría por alto que esos experimentos no podrían realizarse si no estuvieran confinados en los compartimentos que llamamos tubos de ensayo. De igual manera, para que la vida diera comienzo fueron necesarios tubos de ensayo microscópicos formados por el autoensamblaje de moléculas similares a las del jabón para dar lugar a compartimentos membranosos.

¿Cómo lo sabemos?

De entrada puede parecer muy complicado capturar compuestos dentro de compartimentos membranosos formados por lípidos. Si es tan difícil, ¿cómo pudo ocurrir en la Tierra prebiótica? La respuesta resulta muy simple. Si se prepara una combinación de vesículas membranosas y un polímero de gran tamaño como el ADN, y luego esta mezcla se expone a un solo ciclo de desecación y humectación, la mitad del ADN que al principio estaba fuera de las vesículas estará ahora dentro de ellas. La razón es que durante la desecación, las vesículas se fusionan y forman una película multicapa que atrapa el ADN entre las distintas capas. Cuando la película se vuelve a secar, las vesículas se ensamblan a partir de las múltiples capas, pero ahora la mitad de estas contiene ADN. Esto se ve con claridad en la lámina 14, que muestra vesículas que contienen ADN y que crecen a partir de una película de fosfolípidos desecados en un portaobjetos. El ADN se ha teñido con un colorante fluorescente para hacerlo visible.

El nacimiento de la vida requirió una fuente de energía

A veces las investigaciones consisten en lo que se denomina un experimento mental. Por ejemplo, Albert Einstein nunca llegó a efectuar ningún experimento de verdad por sí mismo, sino que concibió toda la teoría de la relatividad realizando experimentos con la mente. Hagamos un experimento mental para ilustrar lo que entendemos por energía. Imagine que cultivamos unas bacterias en un medio nutritivo y que luego utilizamos ciertas condiciones químicas para descomponer todos sus polímeros en los monómeros que los componen. Esto es fácil de hacer en un laboratorio calentando las bacterias en una solución de hidróxido de sodio, conocida comúnmente como sosa cáustica. La elevada alcalinidad de esta solución rompe los enlaces que unen los polímeros y da como resultado una solución de aminoácidos, nucleótidos (los monómeros de los ácidos nucleicos), monosacáridos, ácidos grasos y fosfatos. En otras palabras, todo lo que componía las bacterias vivas está presente en la solución, pero se ha descompuesto en pequeños fragmentos químicos. ¿Se puede recomponer una célula a partir de los fragmentos?

La vida necesita agua, así que colocaremos los fragmentos químicos en un matraz que contenga agua dulce procedente de una región volcánica, como las fuentes termales próximas a Rotorua en Nueva Zelanda. Téngase en cuenta que el agua volcánica se destila por evaporación del océano cercano y después cae en forma de lluvia, por lo que no es salada como el agua de mar. Ahora esperaremos a ver si los fragmentos de la vida vuelven a ensamblarse para producir bacterias vivas. Si usted intuye que no lo harán jamás, ha dado en el clavo. No ocurrirá nada por mucho tiempo que esperemos. ¿Por qué no? La respuesta es sencilla: crear polímeros a partir de monómeros requiere energía, y dentro del matraz no hay energía para crear polímeros.

Entonces, ¿cómo podemos introducir la energía? En la Tierra primitiva previa al comienzo de la vida había tres fuentes de energía. La luz del Sol sería la más abundante, al igual que hoy, pero si expusiéramos el matraz a la luz solar, tampoco ocurriría nada porque no contiene pigmentos, como la clorofila, capaces de captar la energía de la luz. Otra fuente de energía es la llamada energía química, pero toda la energía química de las bacterias se perdió al dividirlas en moléculas más pequeñas. Queda una última fuente de energía, y es la que está disponible cuando el agua del matraz se evapora a las elevadas temperaturas que imperan en los surtidores calientes volcánicos. La energía necesaria para evaporar el agua hace que los fragmentos químicos se concentren cada vez más, y cuando los fragmentos se desecan por completo, comienzan a formarse enlaces químicos entre los monómeros. Por ejemplo, los enlaces peptídicos unen los aminoácidos en pequeñas cadenas que se asemejan a las proteínas, y los enlaces éster comienzan a unir los nucleótidos en ácidos nucleicos cortos. La mezcla también contiene ácidos grasos que se ensamblan en vesículas microscópicas si la película seca se rehidrata con la lluvia (véase la figura 2.6). Las vesículas contienen los polímeros y son el paso previo a la formación de las bacterias originales, aunque no estén vivas.

¿Cómo lo sabemos?

Existen abundantes signos de que los monómeros pueden polimerizarse simplemente secándolos en una película a temperaturas moderadamente elevadas. Muchos de estos indicios son demasiado técnicos para describirlos aquí, pero el más convincente es que podemos ver las moléculas poliméricas mediante una técnica especial denominada microscopia de fuerza atómica. La imagen de la figura 2.7 muestra polímeros de ARN que se han sintetizado al secar una solución diluida de nucleótidos sobre una lámina de mica. Algunas de las moléculas poliméricas han formado anillos (flechas).

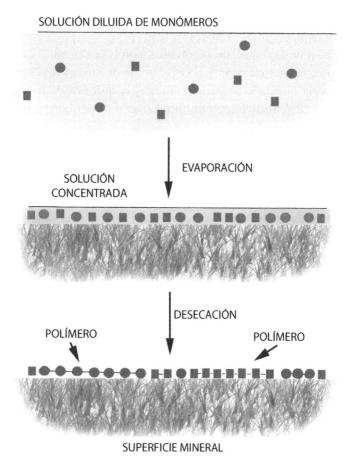

Figura 2.6 Cuando una solución de monómeros se evapora pueden formarse polímeros. Los monómeros alcanzan una concentración extrema en la superficie y al secarse por completo empiezan a formar enlaces químicos. Las fábricas de golosinas utilizan este proceso para hacer caramelos, que son polímeros de moléculas de azúcar que se forman mediante un proceso de calentamiento y desecación. *Créditos*: Autor.

La energía introducida por evaporación es, con diferencia, la fuente de energía más simple que abundaría en la Tierra primitiva y habría favorecido la polimerización de una diversidad de monómeros expuestos a ciclos de humedad y desecación, lo que crearía enlaces éster y peptídicos. Esto permite concluir que no es necesario que los polímeros indispensables para el comienzo de la vida fueran obra de la propia vida, sino que por entonces se producía una síntesis constante de polímeros que más tarde se encapsularon en vesículas autoensambladas con membrana y dieron lugar a las protocélulas. Aunque las protocélulas fueron un paso importante hacia la aparición de las primeras formas de vida, las secuencias de monómeros en los polímeros encapsulados eran aleatorias. En las células vivas actuales, los polímeros contienen secuencias específicas de monómeros que son necesarias para realizar funciones como la catálisis enzimática o el almacenamiento de información genética. Este es uno de los grandes interrogantes que quedan por resolver en relación con el origen de la vida: ¿cómo se incorporaron esas funciones a las secuencias de polímeros que, de otro modo, serían aleatorias?

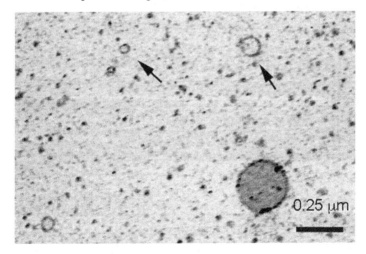

Figura 2.7 Los polímeros se sintetizan espontáneamente cuando los monómeros de ácidos nucleicos se exponen a ciclos de humedad y desecación que simulan los que se producen en los surtidores calientes. La imagen muestra anillos de polímeros que llegan a verse mediante microscopia de fuerza atómica. *Créditos*: Tue Hassenkam.

Los catalizadores son esenciales para toda la vida actual, y también lo fueron para la vida primitiva

En el lenguaje ordinario, el vocablo *catalizador* implica que algo o alguien pone en marcha un proceso, pero en el ámbito de la química tiene un significado diferente. En términos químicos, un catalizador es algo que aumenta la velocidad de una reacción pero sin sufrir ningún cambio en el proceso. Un ejemplo común de catalizador inorgánico es el convertidor catalítico que porta el motor de los coches actuales. Un motor de gasolina o diésel combina un vapor de hidrocarburo líquido con el oxígeno del aire para producir una explosión controlada en los cilindros, y el gas caliente que genera la explosión impulsa un pistón hacia abajo. El movimiento descendente se transfiere a las bielas, que hacen girar un cigüeñal y accionan las ruedas. Sin embargo, la explosión también despide algunos productos indeseables, como monóxido de carbono, óxidos de nitrógeno e hidrocarburos no quemados, que se convierten en un residuo contaminante si no se tratan. En este caso, el catalizador consiste en una imprimación ligera de platino sobre un panel cerámico. A medida que la mezcla de posibles compuestos contaminantes atraviesa el convertidor, la acción catalítica del platino los transforma en dióxido de carbono, vapor de agua y gas nitrógeno.

La mayoría de las enzimas son proteínas compuestas en su totalidad por cien o más moléculas de aminoácidos unidas en una cadena por enlaces peptídicos. La secuencia de aminoácidos pliega la cadena con una estructura precisa que posee un centro activo en el que ciertos aminoácidos se aprietan mucho. Hay metales que también se incorporan a algunas enzimas. Por ejemplo, en los citocromos de la cadena de transporte de electrones de las mitocondrias hay átomos de hierro, y la enzima que extrae los electrones del agua durante la fotosíntesis contiene molibdeno. Tal vez minerales portadores de metales como el hierro y el cobre actuaron como catalizadores de reacciones relevantes para la biología de la

Tierra primitiva, y con posterioridad se incorporaron a los catalizadores de las proteínas. Por ejemplo, el óxido de hierro u orín cataliza la reacción que descompone el peróxido de hidrógeno en agua y oxígeno. Una enzima llamada catalasa hace lo mismo en las células vivas, y los átomos de hierro forman parte de su sitio activo.

¿Cómo lo sabemos?

Puesto que la vida actual porta miles de enzimas proteicas como componentes esenciales, los bioquímicos llevan estudiándolas cien años o más. Sus estructuras se han determinado mediante difracción de rayos X, y su mecanismo de acción se conoce con exquisito detalle. Pero si quiere dejar perplejo a un especialista en enzimología, hágale esta sencilla pregunta: ¿cuál fue la primera enzima? Dirá algo como «Lo siento, aún no sabemos la respuesta, pero las ribozimas compuestas de ARN pudieron ser los primeros catalizadores utilizados por la vida primitiva». Retomaremos esta pregunta en la tercera parte de este libro.

Las condiciones cíclicas fueron esenciales para el comienzo de la vida

La vida actual se caracteriza por experimentar procesos cíclicos, y el más evidente de todos ellos es el de crecimiento y reproducción. Sin este ciclo, la vida jamás podría haber trascendido más allá de unas cuantas reacciones químicas simples. La razón es que la vida utiliza información genética para dirigir su crecimiento, y en cada ciclo reproductivo pueden producirse pequeñas variaciones denominadas mutaciones en las secuencias de ADN que codifican la información genética. La mayoría de las mutaciones es inofensiva, pero unas pocas son fatales y provocan la extinción de esa rama de la vida. Sin embargo, hay otra pequeña cantidad que reporta algún tipo de beneficio, como las mutaciones que permiten que ciertas bacterias se hagan resistentes a un antibiótico que, de otro modo, sería letal para ellas. Cuando se observa el registro fósil, se ve con claridad que la vida se ha vuelto cada vez más compleja desde que comenzó hace cuatro mil millones de años, y la única manera de que eso ocurra consiste en que haya ciclos de crecimiento y reproducción que permitan la acumulación de mutaciones y la transformación de poblaciones de organismos.

Un ciclo menos evidente es uno que forma parte de la reproducción de las plantas. Para crecer, las plantas necesitan contar con una fuente de agua, pero para reproducirse generan semillas o esporas que permiten diseminar la información genética por el entorno. Una semilla está seca en su mayor parte y sobrevive en un estado quiescente en ausencia de agua líquida. Cuando vuelve a haber agua, las células de la semilla empiezan a crecer y a multiplicarse hasta formar una planta madura. Los ciclos de humedad y sequedad son una especialidad de las plantas, pero algunos animales, como los tardígrados u osos de agua, también pueden sobrevivir a la desecación. Dado que los ciclos son esenciales para la vida actual, quizás también lo fueran para los inicios de la vida.

¿Cómo lo sabemos?

No cabe duda de que los ciclos de humedad, sequedad y humedad abundaron en las masas de tierras volcánicas de la Tierra primitiva, al igual que hoy. Los ciclos más veloces resultarían de la actividad de los géiseres: los grandes volúmenes de agua bombeada desde el subsuelo hacia el aire se precipitan sobre las rocas calientes que rodean el géiser, y el calor evapora el chorro de agua en cuestión de minutos. Ciclos más largos, de varias horas, se producen por la fluctuación de los manantiales calientes que alimentan pequeñas pozas. A medida que el nivel del agua sube y baja, los bordes de las charcas atraviesan ciclos de humedad y desecación, y en el estado seco las películas de solutos concentrados permanecen en espacios minúsculos. Los ciclos de humedad y sequedad más largos estarían asociados a las fluctuaciones de temperatura, que por la noche producen un rocío que se seca en el transcurso del día, y a las precipitaciones en forma de lluvia. Es obvio que los ciclos de humedad y sequedad no podrían darse en las profundidades del océano, pero serían muy comunes en las zonas intermareales.

Es importante entender varias propiedades físicas y químicas de los ciclos de humedad y sequedad en relación con el origen de la vida. Una de estas propiedades físicas tiene que ver con la concentración de los solutos orgánicos ya comentada con anterioridad. Recordemos que las soluciones muy diluidas de monómeros reaccionan despacio o ni siquiera llegan a reaccionar, por lo que es esencial incluir un mecanismo de concentración como el de los ciclos de humedad y desecación. Además, la evaporación del agua durante la desecación incrementa la energía disponible para respaldar la síntesis de los enlaces éster y peptídicos de los polímeros biológicos, como los ácidos nucleicos y las proteínas. Sin embargo, los polímeros resultantes tienen secuencias de monómeros aleatorias. ¿Cómo pueden contener información genética o plegarse en enzimas con capacidad catalítica?

Ahora pueden entrar en escena los ciclos de humedad y desecación. Los ciclos producen un bombeo continuo de energía a sistemas de moléculas que sintetizan una variedad de polímeros encapsulados durante la desecación, pero luego los estresan cuando las protocélulas se ensamblan en la fase húmeda del ciclo. La mayoría de las protocélulas se desintegra y sus componentes se reciclan, pero unos pocos sistemas moleculares sobreviven a las tensiones químicas y físicas porque resulta que contienen polímeros estabilizadores o catalizadores. Como resultado, los polímeros que en un principio eran aleatorios incorporan cada vez más secuencias no aleatorias de monómeros y son seleccionados por su resistencia, lo que permite que dé comienzo una evolución gradual hacia el origen de la vida.

Algunas reacciones químicas incrementan la complejidad molecular, otras descomponen moléculas complejas

Ya conocemos el viejo dicho de que todo lo que sube baja; reflexionemos sobre esto unos instantes. Hace falta energía para lanzar al aire una pelota de béisbol porque con ello se hace un trabajo en contra de la fuerza de la gravedad. La energía se almacena en la pelota y después se libera cuando vuelve a caer al suelo. También se necesita energía para que se produzca la polimerización, porque hay que eliminar moléculas de agua de entre los monómeros para crear enlaces químicos. Cuando no hay una fuente de energía, el agua empieza a romper los enlaces mediante un proceso espontáneo llamado hidrólisis que libera la energía almacenada. Tanto la síntesis de polímeros como la descomposición hidrolítica son esenciales para la vida. Por ejemplo, los alimentos están repletos de polímeros, como el almidón y las proteínas; la única manera de extraer valor nutritivo de los alimentos consiste en descomponer los polímeros en sus monómeros: glucosa y aminoácidos. La hidrólisis que se produce durante la digestión está catalizada por enzimas, como la amilasa y la maltasa, que hidrolizan el almidón en glucosa, y las proteasas, que hidrolizan las proteínas en aminoácidos.

Con anterioridad hemos explicado que una fuente de energía simple puede hacer que monómeros como los aminoácidos y los nucleótidos se unan mediante enlaces químicos en los polímeros necesarios para que comience la vida. Sin embargo, esas mismas condiciones habrían permitido que ocurrieran diversos procesos descendentes. Si se sintetizan polímeros, es inevitable que también se descompongan. Tuvo que haber una manera de que duraran lo suficiente para que la vida diera comienzo.

¿Cómo lo sabemos?

La hidrólisis (de los vocablos griegos que significan «romper el agua») es la principal reacción de descomposición de la vida actual. Dada la gran relevancia de la hidrólisis, se han medido los ritmos de las reacciones de descomposición, y resulta que los enlaces peptídicos y éster son sorprendentemente estables. Por ejemplo, a temperatura normal y en rangos de pH neutros, las proteínas y los ácidos nucleicos en soluciones acuosas permanecen estables durante años y solo empiezan a sufrir una hidrólisis considerable a temperaturas elevadas y en condiciones extremadamente ácidas o alcalinas. La vida actual es posible porque los polímeros pueden sintetizarse con rapidez, pero se hidrolizan despacio. Para que la vida comenzara, tuvo que darse esto mismo con los primeros polímeros que se sintetizaron. Si los primeros polímeros se hidrolizaran tan rápido como se sintetizan, la vida jamás podría haber surgido en la Tierra.

La vida depende de los ciclos de transferencia de información entre ácidos nucleicos y proteínas

Ahora podemos abordar la cuestión crucial que debemos resolver para desentrañar el origen de la vida: ¿cómo comenzó el ciclo de transferencia de información dentro de una célula viva? En la vida actual, este ciclo implica enzimas que catalizan la transcripción del ARN mensajero (ARNm) a partir de plantillas de ADN, de tal manera que la secuencia de bases que codifica la información genética se transcribe en una secuencia de bases en el ARNm. El ARNm viaja hasta los ribosomas, que traducen la información genética en la secuencia de aminoácidos de las proteínas, y algunas de las proteínas son enzimas que catalizan la síntesis del ADN para que se reproduzcan las secuencias de bases. Esto cierra el ciclo, tal como se muestra en la figura 2.8, que ilustra la asombrosa complejidad de la vida actual.

Parece imposible que un sistema así pudiera surgir de forma espontánea en la Tierra primitiva, por lo que tuvo que haber versiones primitivas de las moléculas que más tarde evolucionaron poco a poco para desarrollar capacidades funcionales cada vez más eficientes. En el lenguaje común, el término *primitivo* suele aludir a una versión simple de algo complejo. Ese sentido es apropiado aquí, pero también tiene el significado original de algo que pertenece a los primeros tiempos de una cosa. Esto nos conduce a una serie de preguntas que deben responderse para entender cómo puede comenzar la vida en un planeta estéril pero habitable. Estos interrogantes se abordarán en la tercera parte de este libro, pero aquí presentamos una lista con algunos de ellos:

- Las flechas de la figura 2.8 indican que está ocurriendo algo que requiere energía. ¿Cuál fue esa fuente de energía?
- ¿De dónde salieron los monómeros que se necesitan para sintetizar ácidos nucleicos y proteínas?
- ¿Cómo se polimerizaron los monómeros en versiones primitivas de ácidos nucleicos y proteínas?

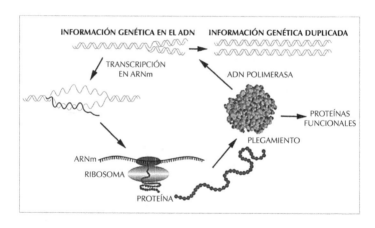

Figura 2.8 El ciclo con el que la información genética guía la síntesis de polímeros catalíticos que a su vez reproducen la información genética es una característica esencial de toda la vida actual.

- Las secuencias de aminoácidos y nucleótidos tuvieron que ser aleatorias en un principio. ¿Cómo se incorporó la información genética en los ácidos nucleicos? ¿Y cómo adoptaron las proteínas las funciones catalíticas de las enzimas?
- ¿Cuál fue el proceso evolutivo que permitió la emergencia de un ribosoma primitivo?
- ¿Cómo se estableció un código genético para que una secuencia de bases en el ADN se tradujera en una secuencia de aminoácidos?
- Sabemos cómo funcionan las moléculas poliméricas en las células vivas actuales, pero llegamos al límite de nuestro discernimiento en cuanto nos planteamos una pregunta simple: ¿cómo empezó todo?

Los restos fósiles más antiguos que se conocen de la vida tienen unos 3.500 millones de años

La Tierra actual es muy diferente a la que existía en el momento en que comenzó la vida, unos cuatro mil millones de años atrás. En la actualidad, los océanos cubren unos dos tercios de la superficie del planeta, y las masas de tierra son en su mayoría continentes que flotan sobre un mar hirviente de magma líquido. Cuatro mil millones de años atrás, empezaron a formarse pequeños continentes, y la mayoría de las masas terrestres eran volcánicas. Cuando un volcán se abre paso a través de la corteza del planeta y lanza lava al exterior tenemos ocasión de ver qué hay debajo de los continentes. Un ejemplo lo ofrece el volcán Kilauea de la Isla Grande de Hawái, mientras que otros se despliegan a lo largo del «cinturón de fuego» que señala la confluencia del contorno de Asia y América del Norte y del Sur con el océano Pacífico.

Debido a los enormes cambios que se produjeron durante la formación de los continentes, no queda casi nada de la corteza

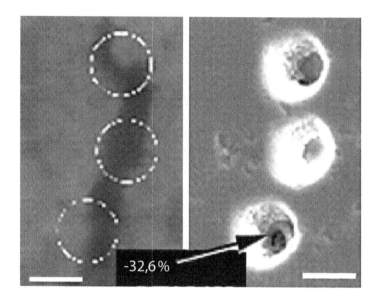

Figura 2.9 Esta es una micrografía de bacterias fosilizadas de hace casi 3.500 millones de años. Lo único que queda de la bacteria original es carbono incrustado en mineral silicato. El carbono se analizó mediante un método complejo que muestra si ha sido procesado metabólicamente. El número –32,6% indica una proporción entre dos tipos de carbono que existen en la naturaleza: uno es el carbono ordinario, con un peso atómico de 12 (seis protones y seis neutrones en el núcleo), y el segundo tiene un peso atómico de 13 porque tiene un neutrón adicional. Si el carbono fue procesado metabólicamente, tiene que haber un poco más del carbono más ligero, y la diferencia se expresa en partes por mil. El valor de –32,6 es definitivamente más ligero que el que arrojan las muestras conocidas de carbono inorgánico, lo que respalda la conclusión de que el fósil fue en otro tiempo un organismo vivo. *Créditos*: William Schopf.

original de la Tierra. Por suerte, unos pocos fragmentos aislados se libraron de desaparecer y siguen disponibles hoy para la investigación geológica. Uno de esos espacios se llama Isua o, en términos geológicos, el cinturón supracortical de Isua del cratón del Atlántico Norte en Groenlandia. Isua se compone de rocas sedimentarias que se formaron con la caída de pequeñas partículas minerales al fondo del océano. Los minerales se componen en su mayoría de piedra caliza y capas de hierro oxidado que se muestran como bandas rojizas en los sedimentos. La edad de estas rocas oscila entre 3.700 y 3.800 millones de años, y se determinó por el ritmo al que se produce la desintegración radiactiva del uranio en plomo. En las rocas de Isua no se ha descubierto ningún resto fósil de vida; entonces, ¿dónde se han encontrado los restos fósiles de vida más antiguos?

En la década de 1980, geólogos australianos empezaron a explorar la región de Pilbara, en Australia Occidental, donde se han datado rocas con 3.460 millones de años de edad. Encontraron unas formaciones muy extrañas que se muestran en la lámina 15, y repararon en que eran fósiles de estromatolitos creados por bacterias a medida que formaban capas mineralizadas con su crecimiento. De hecho, sigue habiendo estromatolitos vivos en Shark Bay, a tan solo unos 300 kilómetros de distancia. Otros investigadores reunieron rocas antiguas de la misma región y empezaron a buscar fósiles reales de bacterias que pudieran haberse conservado en los sedimentos. Los resultados generaron gran controversia cuando algunos estudiosos plantearon que las borrosas partículas microscópicas no eran verdaderos fósiles, pero ahora hay consenso acerca de que al menos algunas de ellas son reales (figura 2.9).

Parte 3
Lo que aún nos queda por descubrir

El título de este libro es *El origen de la vida: lo que hay que saber*. Pues bien, aparte de conocer las respuestas que hemos encontrado hasta ahora, también hay que saber cuáles son las preguntas que nos quedan por resolver. La vanguardia de la ciencia no está en las respuestas, sino en todas las preguntas que aún no se han esclarecido. Quienes trabajan para resolver estos interrogantes científicos se guían por sus ideas, pero muy a menudo estas concepciones no concuerdan entre sí. Esto no significa que haya que descartar las propuestas contradictorias, sino que se analizan los datos experimentales u observacionales para decidir después qué poder explicativo tienen.

En esta parte describimos algunos de los interrogantes pendientes más importantes. Si usted es estudiante y está pensando en emprender una carrera científica, es posible que pase el resto de su vida investigando alguna de las siguientes preguntas, así son de importantes.

¿Es real el mundo de ARN o es una mera conjetura?

Cuando alguien propone una idea sobre cómo pudo comenzar la vida en la Tierra, suele bautizarla con un nombre que permita recordarla con facilidad. Algunos ejemplos los ofrecen las hipótesis del «mundo de hierro-azufre», «el mundo de los lípidos» y «el mundo de ARN». El último de estos mundos fue ideado por algunos de los científicos más destacados que se han planteado el origen de la vida, como Francis Crick, Carl Woese y Leslie Orgel, y se ha convertido en un paradigma por varias razones. La más importante tal vez sea la constatación de que ciertos tipos de ácidos ribonucleicos son catalizadores: como se componen de ARN en lugar de proteínas y puesto que son enzimas, se denominan ribozimas. La idea de que el ARN puede servir como catalizador y, además, almacenar información genética animó a Walter Gilbert a proponer que las primeras formas de vida no comenzaron con las complejas interacciones entre ADN, ARN y proteínas, sino que se basaron en exclusiva en el ARN dentro de un mundo de ARN.

Una buena hipótesis establece un interrogante y sus posibles respuestas, pero también emite predicciones. Por ejemplo, si la primera vida utilizó tan solo ARN, deberíamos encontrar algún vestigio de ello en la vida actual; lo cierto es que han aparecido bastantes. En el metabolismo hay compuestos que desempeñan funciones esenciales, por ejemplo, el ATP, la moneda energética que usan todas las células vivas. Y lo que es más sorprendente, el centro activo de la síntesis de proteínas en los ribosomas es una ribozima, lo que apunta a que las primeras formas de vida utilizaban, en efecto, el ARN como catalizador y para almacenar información.

Aunque estas observaciones respaldan la hipótesis del mundo de ARN, aún nos quedan por cubrir grandes lagunas de conocimiento. Todavía no sabemos cómo pudieron sintetizarse nucleótidos en la Tierra primitiva ni cómo pudieron polimerizarse en moléculas de ARN lo bastante largas como para servir de ribozimas. Sí sabemos que el ARN biológico es propenso a la descomposición hidrolítica. Así que, aunque pudiera sintetizarse, ¿cómo consiguió durar lo suficiente para intervenir en los procesos que conducen hasta la vida en un mundo de ARN?

Estas son dudas importantes, pero nadie se dedica a estudiar el origen de la vida sin un optimismo inagotable. Una y otra vez, problemas en apariencia imposibles de resolver han resultado tener respuestas increíblemente sencillas. Hace cien años, cuando Oparin y Haldane empezaron a plantearse por primera vez cómo pudo comenzar la vida, nadie habría imaginado que pudiera haber aminoácidos disponibles en la Tierra prebiótica. Por eso fue toda una revelación el resultado del experimento de la chispa de Stanley Miller, al cual siguió, poco después, el descubrimiento de que el meteorito Murchison contenía nada menos que setenta compuestos orgánicos clasificados como aminoácidos. En el meteorito Murchison también se han detectado nucleobases, lo que volvió a confirmar que un componente esencial de la vida puede sintetizarse a través de reacciones químicas naturales. La adenina es una de las cuatro nucleobases presentes en los ácidos nucleicos; nadie habría imaginado que también podría estar disponible en la Tierra primigenia, pero Joan Oró demostró que puede formarse con facilidad a partir de cianuro de hidrógeno (HCN).

En resumen, el concepto del mundo de ARN ha tenido gran valor como hipótesis de trabajo que se puede comprobar de forma experimental. El objetivo actual es descubrir una forma de fabricar en laboratorio un sistema sencillo de moléculas encapsuladas que utilice ARN catalítico (ribozimas) para crecer y reproducirse. La prueba última consistirá en ver si el sistema funciona en condiciones naturales como, por ejemplo, en surtidores calientes, emplazamientos muy comunes en la Tierra prebiótica.

¿Qué es el metabolismo y cómo comenzó?

El metabolismo es la red de reacciones catalizadas por enzimas que transforman moléculas orgánicas en productos necesarios para sustentar la vida. Miles de especialistas en bioquímica llevan cien años trabajando para entender el metabolismo y, como resultado, conocemos cada paso individual con un grado notable de detalle. Pero, ¿sabemos de verdad cómo pudo incorporarse el metabolismo a las primeras formas de vida?

Son cinco los procesos principales implicados:

1. Los nutrientes se transportan a las células y se transforman en compuestos que alimentan el crecimiento.
2. El contenido energético de los nutrientes se absorbe y utiliza.
3. La energía y los nutrientes se emplean para sintetizar polímeros que funcionan como enzimas y componentes estructurales.
4. Se sintetizan otros polímeros que almacenan y utilizan información genética.
5. Los polímeros dañados se descomponen y se transforman mediante un proceso denominado catabolismo.

La forma más fácil de entender el primer proceso es mediante un ejemplo. La glucosa es una fuente de energía nutricional y todas las células vivas la obtienen a través de una vía metabólica llamada glucólisis. Este es uno de los sistemas metabólicos más sencillos, pero implica diez reacciones distintas, cada una de ellas catalizada por una enzima. ¿Cómo pudo emerger una serie tan compleja de reacciones de la mezcla caótica de compuestos orgánicos y fuentes de energía que había en la Tierra prebiótica? Desde luego, todavía no lo sabemos, pero sí sabemos que si se dispone de energía química, las mezclas de compuestos reaccionarán y formarán moléculas más complejas. El formaldehído ($HCHO$), por ejemplo, puede reaccionar consigo mismo para crear compuestos como la ribosa y la glucosa. También sabemos que el formaldehído puede reaccionar con el cianuro de hidrógeno para producir aminoácidos. La vida actual no utiliza estas reacciones químicas, pero estas revelan la posibilidad de que una versión primitiva del metabolismo emergiera de reacciones espontáneas que tuvieran lugar en pequeñas pozas con acumulaciones de compuestos orgánicos.

Solo estamos arañando la superficie de lo que pudo ocurrir. Por ejemplo, el fosfato es esencial para toda la vida actual, pero solo conocemos unas pocas reacciones que permiten añadir fosfato a compuestos orgánicos en solución. Sin embargo, esto es justo lo que sucede en el primer paso de la glucólisis. Si logramos descubrir no solo la reacción sino también un posible catalizador, tal vez empecemos a dilucidar cómo pudo incorporarse la glucólisis, una de las reacciones metabólicas más importantes, a las primeras formas de vida.

¿Cuáles fueron los primeros catalizadores?

En la vida actual no hay duda de que el ARN en forma de ribozimas puede actuar como catalizador, un descubrimiento que dio lugar a la hipótesis del mundo de ARN. Pero las ribozimas no son catalizadores muy eficaces. El término bioquímico *número de recambio enzimático* se define como «la velocidad a la que una molécula del catalizador convierte las moléculas reactivas en un producto». Una molécula de ribozima verdaderamente veloz podría tener un número de recambio de quince reacciones catalizadas por segundo, pero las enzimas proteicas tienen números de recambio miles de veces más rápidos. Una de las más veloces es la enzima llamada catalasa, cuyo número de recambio asciende a diez millones por segundo.

Aunque las ribozimas pudieron ser los primeros catalizadores, la mayoría de los catalizadores biológicos actuales son enzimas de naturaleza proteica compuestas por cientos de aminoácidos ensamblados en un orden muy preciso, determinado por secuencias genéticas en el ADN. Unas moléculas tan complejas no pudieron surgir de forma espontánea en la Tierra primitiva, por lo que tuvo que haber sustancias más simples que sirvieran de catalizadores. Caben muchas posibilidades, algunas de las cuales guardan relación con las propiedades químicas de ciertos metales, y un buen ejemplo lo ofrece la catalasa ya mencionada. Para entender por qué es importante la catalasa hay que conocer cierta información sobre el peróxido de hidrógeno, que es una molécula de agua con un oxígeno extra: HOOH en lugar de HOH (H_2O). La mayoría de los electrones en los compuestos químicos van por pares, por lo que el HOOH puede escribirse como HO:OH, donde los dos puntos representan un par de electrones que forma el enlace químico que une los dos grupos OH. Pero el peróxido tiene tendencia a romper el enlace de forma espontánea: HOOH → 2 HO•. El punto situado detrás de HO representa un electrón desapareado, y los compuestos con un electrón desapareado se denominan radicales. Son extremadamente reactivos y pueden dañar polímeros como el ADN y las proteínas, por eso el peróxido de hidrógeno se utiliza como desinfectante.

Sabemos que la mitocondria produce peróxido de hidrógeno como subproducto del metabolismo oxidativo, de modo que ¿por qué no resulta tóxico en el interior de la célula? La razón es que las células están protegidas por la catalasa. Si se añade una pizca de catalasa a una botella de peróxido de hidrógeno en una proporción del 3 %, se forman burbujas al instante y hasta es posible que bulla y rebose espuma por el borde del recipiente. La catalasa acelera la velocidad de la reacción al descomponer el peróxido de hidrógeno en agua y oxígeno. Según su definición científica, un catalizador es algo que acelera el avance de una reacción química hacia el equilibrio sin experimentar ningún cambio de por sí, y la catalasa se ajusta a esta definición. Hace que la reacción sea un millón de veces más rápida, pero permanece inalterada una vez finalizado el proceso.

¿Qué tiene la catalasa para conseguir que la reacción se acelere? El análisis de la catalasa reveló que está formada por cuatro subunidades compuestas de aminoácidos. Cada subunidad tiene un átomo de hierro unido a una molécula especializada llamada porfirina. El propio complejo de porfirina con hierro también puede actuar como un catalizador que descompone el peróxido, aunque no tan rápido como la catalasa. De hecho, hasta se puede añadir óxido de hierro, u orín, al peróxido de hidrógeno, y el hierro por sí solo acelerará la reacción.

La cuestión es que compuestos muy simples, en especial los metales, pueden actuar como catalizadores. Los átomos de hierro de la catalasa le confieren un color verde característico, y el hierro de la sangre dota a la hemoglobina de su inconfundible color rojo. El hierro también está en la enzima citocromo de la cadena de transporte de electrones mitocondrial, que transfiere electrones al oxígeno desde una fuente como el ácido pirúvico producido por la glucólisis. Los citocromos también son rojos y, de hecho, la palabra *citocromo* significa «célula coloreada». Tanto los átomos de hierro como los de cobre se encuentran en el citocromo oxidasa que cataliza el paso final en el que los electrones se ceden al oxígeno, y el color verde de las plantas se debe a un átomo de magnesio situado en el centro de la molécula de clorofila que le permite capturar la energía de la luz. Los electrones liberados por la clorofila son la fuente de energía de toda la vida actual en la Tierra. Aún no sabemos cuáles fueron los primeros catalizadores en las primeras formas de vida, pero es probable que algunos de ellos incorporaran átomos de metales como el hierro, el cobre y el magnesio.

¿Cómo empezaron a funcionar los bucles de retroacción reguladora?

Los bucles de retroacción reguladora suelen pasarse por alto cuando nos planteamos cómo empezó la vida, tal vez porque tenemos una tendencia natural a trabajar con reacciones más simples, como la síntesis de biomoléculas tales como aminoácidos y nucleobases. Los bucles de retroacción cobran relevancia en cuanto pasamos al siguiente nivel, ese en el que los sistemas de polímeros empiezan a funcionar de manera coordinada.

Para comprender la trascendencia de los bucles de retroacción, piense en lo que sucedería si no actuara un proceso de regulación de este tipo entre la temperatura del aire y la caldera de la calefacción de una casa. Pasaríamos demasiado calor o demasiado frío, y por eso se necesita un termostato que controle la temperatura. Si el aire de la casa está demasiado frío, el termostato detecta el fresco y pone en marcha la caldera, que despide calor y eleva la temperatura del aire. Cuando el aire alcanza la temperatura deseada, el termostato apaga la caldera para cerrar el bucle. La vida funciona igual: si no hubiera un control de retroacción, ¡los procesos de la vida serían caóticos! Las reacciones metabólicas serían excesivamente veloces o lentas, y se sintetizarían demasiados o muy pocos componentes primarios de la vida. Por esta razón, toda la vida actual cuenta con un intrincado sistema de bucles de retroacción reguladora.

Consideremos algunos ejemplos biológicos, de los cuales algunos nos resultan familiares y otros se encuentran ocultos a una escala molecular de organización. A la escala del organismo, el cuerpo humano tiene un termostato incrustado en el sistema nervioso del cerebro: si tenemos demasiado frío, tiritamos para generar calor, y si tenemos demasiado calor, sudamos para deshacernos del calor sobrante por evaporación.

A un nivel fisiológico, si la concentración de glucosa en sangre es demasiado elevada, el páncreas segrega más insulina para que la glucosa se transporte con más rapidez a las células del tejido muscular y adiposo. Si la concentración de glucosa es demasiado baja, otra hormona libera glucosa desde el glucógeno almacenado en el hígado.

A una escala molecular, es indispensable contar con un mecanismo que controle la velocidad a la que se activa un catalizador: si hay demasiada cantidad de producto, debe frenarse, y si hay demasiado poca, debe acelerarse. Por ejemplo, el ATP contiene energía química en el enlace situado entre el segundo y el tercer fosfato del trifosfato unido a la molécula principal. Ese enlace se hidroliza para producir difosfato de adenosina (ADP) y un fosfato cuando se necesita energía. Supongamos ahora que usted decide salir a correr. Cuando realizamos ejercicio físico, la energía almacenada en el ATP se utiliza para impulsar la contracción muscular, lo que da como resultado una acumulación del ADP y el fosfato en la célula y una disminución en la cantidad de ATP. Como el ATP inhibe cuatro de las enzimas implicadas en la producción de energía metabólica, cuando caen los niveles de ATP esas enzimas pueden acelerarse y de este modo se sintetiza más ATP.

¿Cómo pudieron desarrollar las primeras formas de vida estos bucles de retroacción reguladora? Esta pregunta fundamental rara vez se ha abordado, pero un artículo pionero publicado por Aaron Engelhart y Kate Adamala en colaboración con Jack Szostak demostró un sencillo mecanismo de retroacción. En el experimento se utilizó una ribozima compuesta por dos cadenas de ARN. La ribozima podía actuar sobre sí misma rompiendo uno de los enlaces químicos que la mantenían unida, pero solo si ambas piezas estaban juntas. La ribozima se encapsuló en vesículas junto con una concentración elevada de pequeños oligonucleótidos que se unen a la ribozima e impiden que las dos piezas se junten y se activen. Luego se añadieron más ácidos grasos para simular el crecimiento de una célula. Las membranas de las vesículas crecieron, y eso diluyó la concentración interna del ARN inhibidor, la cual descendió y permitió que las dos hebras de la ribozima se unieran y se activaran.

¡Qué experimento más complicado! Y, sin embargo, este es uno de los ejemplos más simples de retroacción, y ni siquiera es un bucle cerrado porque la señal va en una sola dirección cuando la dilución acciona la actividad de la ribozima. Si fuera un verdadero bucle de retroacción, la ribozima produciría más ARN inhibidor corto y se desactivaría cuando la concentración fuera demasiado alta. Pero este ejemplo permite ilustrar la dificultad de esclarecer cómo comenzaron los bucles de retroacción a regular las funciones metabólicas en las primeras formas de vida celular.

¿Cómo se convirtió la vida en homoquiral?

Existe un gran misterio en relación con la vida de la Tierra que nadie ha podido resolver todavía. Pero antes de desvelar el misterio, debemos conocer el significado de tres términos: *quiral*, *racémico* y *enantiómero*.

La palabra *quiróptero* procede de un vocablo griego que guarda relación con las manos y que se ha incorporado a varias palabras en lengua castellana. Por ejemplo, la quiropraxia consiste en tratar diversos problemas de salud utilizando las manos, y un quiróptero (que significa «mano de ala») es otra de las palabras que usamos para referirnos a los murciélagos. Así que *quiral* debe de guardar alguna relación con las manos.

Un rasgo evidente de las manos es la quiralidad, es decir, una mano derecha y una mano izquierda no se pueden superponer. En otras palabras, un guante de la mano derecha no sirve para la mano izquierda, y viceversa. Algunas moléculas orgánicas, aunque no todas, también tienen quiralidad. El carbono tiene cuatro enlaces químicos cuando forma parte de una estructura molecular, y los enlaces suelen presentar una disposición tetraédrica con el átomo de carbono en el centro. Si los cuatro enlaces están unidos a grupos químicos diferentes, el compuesto será quiral, pero no ocurre así si dos de los grupos o más son iguales.

Para ilustrar esta cuestión podemos considerar dos aminoácidos llamados glicina y alanina. El átomo de carbono de la glicina está unido químicamente a dos hidrógenos, un nitrógeno en un grupo amino ($-NH_2$) y otro carbono en un grupo carboxilo ($-COOH$), mientras que el átomo de carbono de la alanina está

unido químicamente a un hidrógeno, un nitrógeno, un carbono carboxilo y un grupo metilo (-CH$_3$). En otras palabras, los
cuatro átomos o grupos unidos al carbono central de la alanina
son diferentes, y esto es lo que la hace quiral, mientras que la
glicina, con dos átomos de hidrógeno en el carbono central, es
aquiral. Otra forma de imaginarlo consiste en pensar que las
imágenes especulares de la glicina se pueden superponer, pero
no ocurre así con las imágenes especulares de la alanina (figura 3.1). Las imágenes especulares de las moléculas quirales
se denominan enantiómeros, y se dice que una mezcla de dos
enantiómeros es racémica.

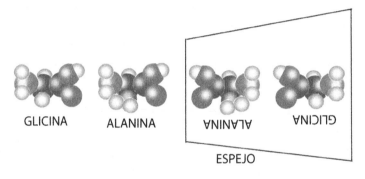

GLICINA   ALANINA   ∀NIN∀˥∀   ∀NIƆI˥ƃ

ESPEJO

Figura 3.1 Representación de la estructura de la glicina y de la alanina
reflejadas en un espejo. Gire 180° la imagen especular de la glicina y
verá que se superpone perfectamente a la imagen original. Haga lo
mismo con la alanina y no podrá superponerlas, del mismo modo que
la mano derecha no entra bien en un guante para la mano izquierda.
Esa propiedad la convierte en una molécula quiral, mientras que la
glicina es aquiral. *Créditos*: Autor.

El estudio de la quiralidad podría ser simplemente otra rama
cualquiera de la química de no ser por un detalle: toda la vida
utiliza tan solo uno de los dos enantiómeros posibles de los
aminoácidos y los carbohidratos. En otras palabras, la vida es
homoquiral. Los aminoácidos (a excepción de la glicina) son
enantiómeros L, y los hidratos de carbono son enantiómeros D

(donde L es la abreviatura de *levo-*, término latino para «izquierda», y D es la abreviatura de *dextro-*, vocablo latino que significa «derecha»). Aunque todavía no sabemos cómo se convirtió la vida en homoquiral, sí sabemos por qué es esencial la homoquiralidad. Imagine las estructuras de la vida como el equivalente de un puzle gigantesco cuyas piezas encajan a la perfección; en otras palabras, son homoquirales. Pero ahora convirtamos las piezas en racémicas dándole la vuelta a la mitad de ellas: jamás encajarán para montar un rompecabezas completo. Los aminoácidos y los monosacáridos de los polímeros de la vida son como las piezas del puzle: solo pueden encajar en un polímero si son homoquirales.

Los compuestos orgánicos disponibles en la Tierra prebiótica fueron sintetizados por reacciones químicas, no por enzimas biológicas, por lo que tuvieron que ser racémicos. ¿Cómo los ensamblaron las primeras formas de vida en polímeros funcionales? Hay muchas ideas, pero aún no hay consenso. Una de las más sencillas es que los primeros polímeros relacionados con la vida se sintetizaron de forma no enzimática y, por tanto, estaban compuestos por mezclas racémicas de monómeros. Cuando atravesaron ciclos de síntesis e hidrólisis, aquellos polímeros con un exceso de monómeros L o D resultaron ser más estables o quizás más eficientes como catalizadores. En tal caso, serían seleccionados y se volverían rápidamente dominantes en la carrera hacia la aparición de las primeras formas de vida.

¿Qué es la fotosíntesis y cómo comenzó?

Nuestra vida cotidiana discurre respirando oxígeno, desayunando cereales con leche, y disfrutando de la hierba y los árboles que vemos desde la ventana. Jamás nos detenemos a pensar que todo esto es posible solo porque algunas células microbianas empezaron a absorber la energía de la luz hace unos cuatro mil millones de años. Su descubrimiento ha supuesto desde entonces una fuente continua de energía biológica y ha transformado, literalmente, una Tierra primitiva estéril en un planeta donde la raza humana puede prosperar. Nadie sabe todavía cómo empezó la fotosíntesis, pero sí sabemos cómo hallar la respuesta. Podemos empezar esclareciendo cómo funciona la fotosíntesis hoy en día y luego pensar en cómo pudo hacer una versión primitiva que absorbiera la energía de la luz cuatro mil millones de años atrás, tal vez incluso antes de que comenzara la vida.

¿Qué sucede en realidad cuando la luz del Sol ilumina una planta? En las asignaturas de ciencias de la enseñanza secundaria aprendemos que algo llamado clorofila es responsable del color verde de las plantas. Lo que se suele omitir es que el color verde no es importante; solo es la luz que queda después de que la clorofila capture la luz roja y azul que absorbió. La lámina 16 muestra las estructuras de las células vegetales llamadas cloroplastos, donde ocurren todas las reacciones de la fotosíntesis. Cuando los investigadores aislaron por primera vez cloroplastos de tejido vegetal, se sorprendieron al descubrir que contenían ADN con secuencias de bases relacionadas con las de las cianobacterias. Esto significa que las plantas contienen orgánulos que descienden de las mismas especies bacterianas que efectuaron por primera vez la fotosíntesis y generaron el oxígeno que ahora constituye la principal fuente de energía para la vida animal.

¿Qué hace la clorofila con la luz que absorbe? Aquí es donde se complica el asunto, pero el principio básico no es demasiado difícil de entender. La configuración electrónica de la clorofila capta los fotones de la luz y salta de un estado básico a un estado excitado; esto es análogo a un diapasón capaz de generar un sonido de 440 vibraciones por segundo, que es la nota central de un piano. Si se sostiene el diapasón en una habitación silenciosa, no se oye nada; pero si se saca el diapasón a una calle urbana, donde estará expuesto a una mezcla de sonidos (lo que llamamos ruido blanco) y nos lo acercamos al oído, lo oiremos vibrar y producir el tono de la nota la central. Una parte de todo ese ruido blanco está a 440 vibraciones por segundo. El diapasón absorbe exactamente esa energía, un proceso llamado resonancia, y luego la libera en forma del tono que oímos. La clorofila es como un diapasón que solo absorbe la luz roja y azul de la luz solar blanca que recibe. Si bien el diapasón responde a una frecuencia de 440 vibraciones por segundo, la luz roja y azul tienen frecuencias de ¡un billón de ondas por segundo!

Ahora podemos describir cómo funciona el primer paso de la fotosíntesis. El estado excitado de la clorofila no se limita a vibrar cuando capta la energía de un fotón, sino que, además, se deshace de la energía sobrante liberando un electrón en un conjunto de proteínas denominado cadena de transporte de electrones, en cuyo extremo final los electrones terminan en un compuesto llamado NADP (fosfato de dinucleótido de *nicotinamida y adenina*). Es impresionante reparar en que esos electrones representan la fuente de energía de prácticamente toda la vida de la Tierra, ya que se utilizan para transformar el dióxido de carbono en carbohidratos. Es más, a medida que viajan por esta cadena, su transporte se acopla a una reacción que crea un gradiente de protones a través de la membrana. La energía del gradiente se utiliza para sintetizar ATP, el cual impulsa las reacciones metabólicas que convierten el dióxido de carbono en carbohidratos. Por último, los electrones cedidos por la clorofila deben ser reemplazados. ¿De dónde salen? Del agua. Una reacción de altísima energía en los cloroplastos arranca electrones del agua y deja tras de sí el oxígeno que emplea como fuente de energía toda la vida animal de este planeta, incluida la humana.

¿Cómo dio comienzo un proceso tan complicado? Lo más seguro es que no ocurriera con la clorofila, una molécula muy compleja que solo puede ser sintetizada por enzimas. Tuvo que haber moléculas más sencillas, abundantes y capaces de absorber la energía de la luz solar para pasar a un estado de excitación que les permitiera donar electrones. Una posibilidad son los hidrocarburos aromáticos policíclicos (HAP), que probablemente sean los compuestos orgánicos más abundantes del universo. Están presentes en los meteoritos carbonáceos, lo que evidencia que pueden ser sintetizados por la química no biológica y traídos desde el exterior a la superficie de la Tierra. Además, trabajos pioneros han descubierto que su estado excitado cede electrones a otras moléculas y también fija el dióxido de carbono. Investigaciones futuras quizá revelen de qué modo se incrustaron los HAP en las membranas y si actuaron como el inicio de la fotosíntesis.

¿Cuál fue el primer ribosoma?

Este es uno de los grandes interrogantes relacionados con el origen de la vida. Los ribosomas son máquinas moleculares increíblemente complejas que traducen la información genética del ADN en secuencias casi perfectas de aminoácidos que conforman proteínas. Los ribosomas más simples son los de las bacterias, y estudios tempranos demostraron que se componen de una subunidad grande y otra pequeña. Los ribosomas eucariotas tienen la misma estructura básica con algunos añadidos.

¿Cómo se configuró la estructura de los ribosomas? Son demasiado pequeños para verlos con un microscopio convencional que use luz, por lo que en su lugar se utilizan rayos X. Si dejamos que una solución de sal de mesa se evapore poco a poco, empiezan a aparecer preciosos cristales cúbicos. Hace un siglo se realizó un experimento consistente en dirigir un haz de rayos X hacia uno de estos cristales colocado delante de una película fotográfica. El sorprendente resultado fue que el haz creó un patrón de puntos sobre la película. Esto se denomina patrón de difracción, y se forma por el reflejo de los rayos X en las capas de átomos organizados dentro del cristal. El patrón permite deducir la estructura atómica del cristal.

Cien años después, varios laboratorios consiguieron producir cristales de ribosomas y, a continuación, utilizaron la difracción de rayos X para inferir cómo se disponen los átomos en la molécula (lámina 17). Esto llevó varios años de trabajo, porque un solo ribosoma contiene 140.000 átomos. Los directores de los tres equipos que revelaron esta estructura cristalina fueron galardonados con el Premio Nobel.

Ahora que conocemos la estructura de un ribosoma podemos empezar a plantearnos cómo pudieron convertirse los ribosomas primitivos en un componente esencial de la vida primitiva. Loren Williams y su grupo de investigación en el Instituto de Tecnología de Georgia (Georgia Tech) han logrado algunos avances diseccionando el ARN y las proteínas de los ribosomas, y deduciendo qué partes parecen ser las más antiguas; el esquema de la lámina 17 muestra los progresos que han logrado hasta ahora. Deben partir del supuesto de que el origen de las pequeñas moléculas de ARN mostradas en la fase 1 se debió a una fuente desconocida. Paso a paso, el ARN ancestral se unió a otras formas de ARN para volverse cada vez más complejo, hasta que al final, en la fase 6, incorporó proteínas para dar lugar al verdadero ancestro de la subunidad grande.

Este es un trabajo elegante y pionero, pero todavía deja interrogantes sin esclarecer: ¿de dónde salieron las primerísimas moléculas de ARN?, y ¿en qué momento empezó el ribosoma a usar secuencias de bases codificadas en ARNm para sintetizar proteínas? Aún nos queda mucho por descubrir sobre el origen de los ribosomas en las primeras formas de vida.

¿Cómo surgió el código genético?

Cuando en 1953 James Watson y Francis Crick dieron a conocer la estructura en forma de doble hélice del ADN, supuso toda una revelación porque la estructura explicaba cómo se almacena, utiliza y replica la información genética de una generación a la siguiente. Poco a poco, sucesivas hornadas de científicos fueron encajando las piezas del rompecabezas de la vida. El siguiente paso consistía en determinar cómo almacenaba y utilizaba la información el ribosoma para dirigir la síntesis de proteínas. Resultó que el proceso que Francis Crick llamó el dogma central de la biología molecular implicaba el almacenamiento de la información en las secuencias de bases del ADN, la transcripción de la información en ARNm, y que los ribosomas tradujeran la información de las secuencias de ARNm a las secuencias de aminoácidos de las proteínas.

La lámina 18 muestra un ribosoma en plena acción, con la subunidad grande en la parte superior y la subunidad pequeña en la parte inferior. El ARNm se desplaza por el sitio activo de derecha a izquierda, y un ARN de transferencia (ARNt) transporta un aminoácido que se unirá a la cadena creciente B de una molécula de insulina.

Al igual que cualquier otro tipo de información codificada, el código genético traduce las secuencias de bases del ARNm en secuencias de aminoácidos de una proteína. Una analogía sencilla la ofrece el código Morse, donde las letras transformadas en símbolos de líneas y puntos se transmiten eléctricamente a través de cables desde un emisor a un receptor que después traduce las secuencias de puntos y rayas en letras. En la década de 1960, el problema era entender de qué manera las secuencias de bases del ADN y el ARN codifican la información necesaria para conformar las secuencias de aminoácidos en las proteínas. Era obvio que no podía usarse una sola base para cada aminoácido, puesto que solo hay cuatro bases y veinte aminoácidos. Dos bases por aminoácido permiten agruparlas en dieciséis combinaciones, lo que sigue siendo poco. Pero tres bases por aminoácido es más que suficiente porque las cuatro bases tomadas en grupos de tres permiten sesenta y cuatro combinaciones diferentes. Ahora sabemos que los tripletes de bases, llamados codones, portan el código genético, y que la mayoría de los aminoácidos están especificados por varios tripletes diferentes. También hay codones de inicio y de parada que indican al ribosoma dónde debe comenzar y terminar la traducción del ARNm en una proteína.

Aunque el cotejo de las secuencias de bases del ARN ribosómico de las bacterias con las de organismos más complejos permite inferir algo de la historia evolutiva, todavía no hay pruebas experimentales que revelen cómo pudo incorporarse un proceso tan complicado a las primeras formas de vida.

¿De dónde salieron los virus?

Los virus están por todas partes en la biosfera. De hecho, se ha calculado que hay tanta biomasa viral en el océano como biomasa de organismos vivos. Casi todo el mundo ha tenido experiencias personales con los virus asociados al resfriado común y a la gripe, y los nuevos virus son noticia cuando desencadenan epidemias. Lo que no vemos es la batalla constante que se libra a nuestro alrededor entre las bacterias y ciertos virus conocidos como bacteriófagos («comebacterias»).

Si los virus son tan abundantes hoy en día, ¿lo eran también cuando comenzó la vida? ¿Pudieron ser los virus la primera forma que reprodujo moléculas que más tarde dieron lugar a la vida celular? Algunos científicos creen que sí, pero la opinión más extendida es que son una especie de parásitos moleculares que desarrollaron la capacidad de reproducirse utilizando el aparato de síntesis de proteínas de las células vivas. Los viroides aún son más simples que los virus, y se descubrieron porque infectan y dañan las patatas, los aguacates, los melocotones y los cocos. Resultaron ser moléculas anulares de ARN que solo tienen entre 246 y 467 nucleótidos. La figura 3.2 muestra un viroide junto al virus causante del resfriado común para facilitar su comparación. Un virus típico se compone de proteínas y ácidos nucleicos, y se reproduce en células vivas adueñándose de la maquinaria celular de síntesis de proteínas con el fin de crear copias de sí mismos. Los viroides tienen un ciclo vital mucho más simple. Cuando penetran en una célula vegetal, se reproducen mediante una enzima llamada ARN polimerasa que normalmente sintetiza ARNm. La enzima escupe cientos de copias del viroide, que entonces comienza a interferir con otros procesos de síntesis de proteínas.

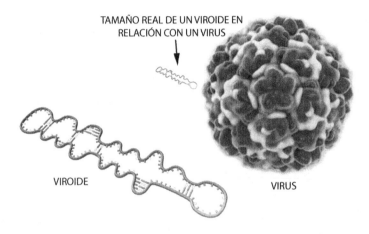

TAMAÑO REAL DE UN VIROIDE EN RELACIÓN CON UN VIRUS

VIROIDE

VIRUS

Figura 3.2 Los viroides son los agentes infecciosos más pequeños que se conocen y están compuestos por unos cuantos centenares de nucleótidos en una molécula circular de ARN. Son mucho más pequeños que una partícula de un virus típico, tal como se ve en esta imagen. *Créditos*: Elaborado por el autor a partir de imágenes de dominio público.

Los viroides fueron descubiertos en 1971 por Theodor Diener, quien propuso en 1989 que podían ser una especie de fósil molecular procedente del mundo de ARN. Aunque los viroides necesitan en la actualidad células vivas para reproducirse, podemos especular con que en la Tierra primitiva pudieron ensamblarse de forma espontánea versiones simples de ácidos nucleicos que más tarde empezaron a reproducirse mediante catálisis no enzimática. En algún momento quedaron encapsulados en compartimentos membranosos, y aquel fue el primer paso hacia el mundo de ARN.

¿Cómo empezaron a evolucionar los sistemas de polímeros encapsulados?

La palabra *evolución* procede del latín y significa «desarrollo» o «transformación». Hoy en día se suele definir como una sucesión de cambios que se producen con el tiempo, como la evolución estelar, que alude a la transformación que sufren las estrellas a lo largo de su existencia. Charles Darwin aplicó el término a las variaciones que experimentan las poblaciones de organismos vivos y dan lugar a especies diferentes. Ahora, 150 años después, sabemos que esos cambios resultan de mutaciones en el ADN que provocan diferencias entre organismos individuales. Estas diferencias generan variaciones dentro de las poblaciones que a veces son seleccionadas. Darwin llamó a esto «selección natural», y utilizó como ejemplo la selección artificial de los animales domésticos. Por ejemplo, los lobos empezaron a interaccionar con los humanos hace miles de años, y los primeros humanos empezaron a seleccionar a los lobos que mostraban un comportamiento dócil. Cientos de años atrás, los criadores de perros se dieron cuenta de que la selección era una herramienta poderosa y empezaron a seleccionar características físicas y de comportamiento. Como resultado, los lobos originales tienen ahora descendientes que van desde el pequeño chihuahua hasta el gran danés. Selecciones agrícolas similares han producido especies de maíz y de trigo a partir de plantas muy parecidas a lo que hoy consideramos malas hierbas.

Ahora podemos plantearnos una pregunta fundamental: ¿cuáles fueron los primeros pasos de la evolución biológica? Todavía no conocemos la respuesta, pero sí sabemos que la selección no actúa sobre los individuos, sino que requiere poblaciones enteras con variaciones. La Tierra prebiótica solo habría podido tener tales poblaciones si hubiera habido conjuntos aleatorios de polímeros potencialmente funcionales en forma de protocélulas microscópicas. La aritmética simple revela que un miligramo de compuestos de lípidos anfifílicos puede producir un billón de protocélulas consistentes en vesículas con polímeros encapsulados. La lámina 19 muestra cómo pueden surgir protocélulas cuando una película de lípidos secos se expone al agua. Los polímeros que se han formado durante la fase seca de un ciclo de humedad y desecación quedan encapsulados dentro de protocélulas microscópicas. Al principio, cada protocélula tiene una composición diferente a la de todas las demás; esto permite una versión natural de química combinatoria donde las protocélulas son como tubos de ensayo microscópicos en un experimento natural. La mayoría es inerte, se destruye y sus componentes se reciclan, pero unas pocas tienen propiedades que les permiten sobrevivir intactas hasta el siguiente ciclo. Esto representa el primer paso de selección en un proceso evolutivo. Cuando comienza la fase seca de un ciclo de humedad y desecación, las membranas de las protocélulas supervivientes se fusionarán y devolverán su carga polimérica a la matriz lipídica multicapa para participar en un nuevo ciclo de síntesis.

¿Qué propiedades tienen las protocélulas que triunfan? Las propiedades emergen de una sinergia entre los componentes del sistema: los polímeros y la membrana circundante. Hasta ahora, todos los procesos han sido impulsados por el autoensamblaje y una fuente de energía muy simple: el potencial químico de la deshidratación, que impulsa la síntesis de enlaces ésteres y peptídicos para que los monómeros formen polímeros. Pero ahora un número muy escaso de protocélulas contará con sistemas encapsulados de polímeros con unas propiedades funcionales específicas, como estabilización de vesículas, formación de poros, metabolismo, polimerización catalizada y replicación. Aún no sabemos qué polímeros tienen estas propiedades, pero una sospecha razonable es que se parecieran al ARN y a péptidos.

¿Qué son los progenontes y LUCA, el último ancestro universal común?

A menos que usted sea un biólogo que se pregunte sobre las primeras formas de vida, probablemente no haya oído nunca el término *progenonte* (o *protobionte*). Fue acuñado por Carl Woese y George Fox para describir una etapa hipotética de la evolución temprana en la que aún no se había fijado la relación entre el genotipo y el fenotipo. En las bacterias actuales, a medida que se producen el crecimiento y la división celular, la siguiente generación de células es casi idéntica a sus progenitoras en términos de composición genética y productos génicos. Pero antes de que aparecieran las primeras bacterias auténticas en la Tierra, parece ineludible que hubiera sistemas de moléculas encapsuladas que tenían un metabolismo primitivo y eran capaces de crecer y de reproducirse de algún modo. Woese y Fox predijeron que durante la transición de la fase progenota hasta la vida, tuvo que producirse un intercambio inmenso de información genética a medida que las poblaciones de las primeras protocélulas compitieron para hallar maneras eficientes de mantener conjuntos específicos de polímeros.

Hemos especulado con que estos procesos se tornaron posibles dentro de los ciclos de humedad y desecación, y mi compañero Bruce Damer propuso que las poblaciones de protocélulas atravesaban una fase de gel consistente en conglomerados húmedos y cremosos durante su transición hacia la sequedad absoluta (lámina 20). Durante la fase de gel, las protocélulas ya no mantenían la individualidad, sino que interaccionaban entre sí y se fusionaban, de forma que mezclaban y compartían los polímeros encapsulados en su interior. En una charca de evaporación, estos agregados de protocélulas se expondrían a concentraciones cada vez mayores de solutos disueltos en el agua. Si algunos de ellos eran nutrientes potenciales, entonces estaban disponibles para permitir procesos metabólicos primitivos.

A partir de las protocélulas y los progenitores, cabe especular sobre cómo pudieron evolucionar para dar lugar a sistemas moleculares cada vez más complejos que los acercaran a la transición hacia lo que llamamos vida. Un aspecto importante que debe tenerse en cuenta es que los primeros pasos hacia la vida ocurrieron en mezclas de compuestos orgánicos expuestos a fuentes de energía. Si las condiciones favorecían la polimerización de aminoácidos en péptidos, esas mismas condiciones favorecerían la polimerización de nucleótidos en ácidos nucleicos. En lugar de suponer que uno de los procesos fue «el primero», es mejor pensar que los sistemas poliméricos coevolucionaron desde el principio. Los ribosomas primitivos constituyen un ejemplo: los primeros ribosomas necesitaban tanto ARN como péptidos, de modo que una conclusión obvia es que ambos polímeros tuvieron que estar disponibles.

A lo largo de millones de años de ciclos y experimentos naturales, los progenontes encontraron y compartieron sistemas interactivos de polímeros que incrementaban su capacidad para sobrevivir a las tensiones ambientales. Cuando surgieron agregados estables de progenontes, pudieron iniciarse otros experimentos. Estos son obvios, y una lista de polímeros funcionales incluye catalizadores del metabolismo primitivo, catalizadores para reacciones de polimerización, ácidos nucleicos para almacenar y transmitir información genética, ribosomas para traducir información genética en proteínas funcionales, sistemas de pigmentos para captar la energía de la luz, sistemas de transporte de electrones para generar gradientes de protones, y una manera de acoplar los gradientes de protones a la síntesis del ATP. A medida que hubiera disponibles otras formas de energía, dejaría de ser necesaria la energía de los ciclos de humedad y desecación. Un sistema de polímeros que permitiera a las protocélulas dividirse en células hijas es el último paso para permitirles absorber otras formas de energía.

Al final, tras unos 500 millones de años de experimentos naturales, surgieron las primeras formas de vida. Se las conoce como LUCA (Last Universal Common Ancestors o «últimos ancestros comunes universales»), porque tenían todos los sistemas moleculares funcionales que aún continúan presentes en la vida actual. Con un código genético común para todas las formas biológicas, se fusionaron en el tronco del árbol de la vida.

¿Cómo se convirtió la vida procariota en eucariota?

Cuando la biología empezó a utilizar el microscopio para estudiar las células vivas, se vio que algunas células tienen un núcleo, pero las bacterias no. El núcleo se parecía a una almendra o nuez pequeña, por lo que las células con núcleo se denominaron eucariotas, un término derivado de las palabras griegas para «buena nuez», y las bacterias se llamaron procariotas, que significa «antes de la nuez», porque se daba por hecho que la vida procariota más simple apareció antes en el curso de la evolución primigenia. Esta suposición era correcta, y a lo largo de los dos mil millones de años posteriores al comienzo de la vida en la Tierra, los únicos organismos vivos en este planeta fueron procariontes, en su mayoría cianobacterias fotosintéticas que proliferaban en los lagos y el océano. Además, la fotosíntesis era oxigénica, porque las cianobacterias habían desarrollado mecanismos no solo para captar la energía de la luz, sino también para utilizar esa energía para extraer electrones del agua. Los electrones se utilizaban para transformar el dióxido de carbono en los carbohidratos necesarios para el metabolismo y el crecimiento. Pero cuando se extraen los electrones de las moléculas de agua, lo que queda es oxígeno molecular.

Durante varios millones de años, el oxígeno se fue consumiendo en una reacción muy simple y conocida por todos: la oxidación. El agua del océano tenía grandes cantidades de hierro en solución en forma de iones con dos cargas positivas, abreviado Fe^{++}, o hierro ferroso. Cuando los iones de hierro ferroso chocan en la solución con moléculas de oxígeno, u O_2, el oxígeno toma otro electrón del hierro y lo convierte en hierro férrico, o Fe^{+++}. Además, los átomos de oxígeno forman enlaces químicos con el hierro férrico y producen un compuesto que contiene dos átomos de hierro y tres de oxígeno, abreviado Fe_2O_3. Este compuesto es insoluble en agua y se precipita al fondo del océano, lo que crea capas de un mineral llamado magnetita. El resultado fueron inmensos depósitos de lo que hoy se conoce como mineral de hierro.

El hierro del océano consumió todo el oxígeno producido por las cianobacterias a lo largo de mil millones de años, pero al final ya no quedaba más hierro ferroso. En ese momento, el oxígeno empezó a acumularse en la atmósfera, y esta situación condujo unos dos mil millones de años atrás a lo que se conoce como la gran oxidación. Esto se observa en el registro geológico de los llamados paleosuelos, o suelos antiguos, cuyo color pasa con brusquedad del gris al rojo cuando el hierro que contienen empezó a oxidarse. La abundancia de oxígeno atmosférico fue el primer paso hacia la vida tal y como la conocemos hoy en día, ya que creó una fuente de energía cuando los electrones arrancados del agua por la fotosíntesis tuvieron una vía para volver a convertirse en oxígeno molecular. Esto permitió el desarrollo de una forma nueva de vida microbiana que no dependía de la energía de la luz, porque el oxígeno de la atmósfera ponía a su disposición una fuente de energía aún mayor. Al final, al cabo de dos mil millones de años, la vida pudo empezar a experimentar con una complejidad mayor.

Los experimentos naturales pudieron seguir varias vías alternativas, una de las cuales consistió en que dos organismos unicelulares distintos se combinaran para dar lugar a una forma de vida nueva, un proceso llamado simbiosis. Cuando Lynn Margulis propuso esto por primera vez en 1973, otros científicos se mostraron muy escépticos ante la idea. ¿Cómo iba a producirse esa simbiosis? A lo largo de los diez años siguientes se perfeccionaron las técnicas para analizar los ácidos nucleicos y se vio con claridad que el ADN de los procariontes tiene forma anular y contiene varios millones de nucleótidos, mientras que en las células de los eucariontes el ADN se encuentra en su mayoría dentro del núcleo. Por curiosidad, algunos científicos empezaron a preguntarse si el ADN podría estar presente fuera del núcleo, y la respuesta fue asombrosa: ¡había moléculas anulares de ADN en las mitocondrias y los cloroplastos! Además, cuando se esclarecieron las secuencias se vio que las del ADN mitocondrial coinciden con las de las alfaproteobacterias, y que las secuencias de ADN del cloroplasto coinciden con las de las cianobacterias.

Esto fue una auténtica revelación: todas las formas avanzadas de vida pluricelular del planeta (vegetal y animal) dependen de orgánulos descendientes de las bacterias para disponer de energía. Cada una de nuestras células contiene cientos de mitocondrias que crecen y se dividen cuando las células se dividen, y su ADN se ha transmitido desde que se produjo la combinación simbiótica original casi dos mil millones de años atrás.

Desconocemos cómo se produjo aquella simbiosis, pero una posibilidad es que sencillamente una célula bacteriana grande «engullera» de alguna manera una bacteria más pequeña; solo que, en lugar de ser digerida, la bacteria pequeña se instaló en su interior y prosperó allí como una especie de parásito. Sabemos que estos procesos siguen ocurriendo hoy en día; uno de los mejores ejemplos experimentales lo ofrece una especie unicelular de ameba capaz de engullir bacterias tóxicas para alimentarse de ellas. La mayoría de las amebas muere a causa de la toxina, pero unas pocas sobreviven, y las bacterias no solo viven dentro de las amebas, sino que además comienzan a proporcionarles energía a través de la fotosíntesis. A lo largo de muchas generaciones, las amebas empiezan a depender de esa energía. Esto puede comprobarse si se añade un antibiótico al medio de cultivo que mate las bacterias internalizadas. Las amebas, ahora desprovistas de esa fuente de energía, también morirán.

¿Hay un árbol de la vida?

Cuando Darwin concibió por primera vez la teoría de la selección natural y la evolución, trazó un pequeño boceto en su cuaderno (figura 3.3). A continuación, con la prudencia que lo caracterizaba, añadió una pequeña anotación al margen: «Creo».

En 1879, Ernst Haeckel decidió ilustrar el concepto de Darwin y dibujó un verdadero árbol con nombres de varios tipos de vida animal colgando de sus ramas. Las amebas unicelulares ocupaban la base, y los gorilas, orangutanes y seres humanos, la copa. La idea simplificada de un árbol de la vida era más fácil de entender que las prolijas explicaciones de Darwin, y la imagen de Haeckel contribuyó a fijar la idea de la evolución en la mente de los pensadores británicos y europeos.

La primera insinuación de que un árbol tal vez no sea la mejor manera de concebir la historia de la vida provino de la brillante idea de Carl Woese de que la historia evolutiva debía reflejarse mediante secuencias de ARN ribosómico. Su razonamiento es fácil de entender: puesto que a lo largo del tiempo se produce una acumulación lenta de mutaciones, habrá muy pocas diferencias en el ARN de las bacterias, y si se utiliza como referencia, habrá un número creciente de mutaciones a medida que comparemos el ARN bacteriano con el de especies cada vez más complejas. Cuando Woese examinó el ARN de varios microorganismos, se llevó una inmensa sorpresa: además de procariontes y eucariontes, descubrió un tipo nuevo de microorganismos que decidió llamar arqueas. Así, tras la primera aparición de la vida, LUCA dio lugar no a un árbol de la vida, sino a tres ramas que ahora se denominan dominios: arqueas (*Archaea*), bacterias (*Bacteria*) y eucariontes (*Eukarya*).

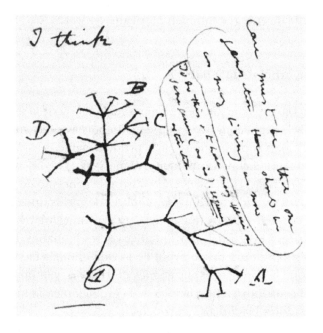

Figura 3.3 El árbol de Charles Darwin.
Créditos: Adaptado de Wikimedia Commons.

Investigaciones posteriores demostraron no solo que había tres clases de vida distintas, sino también que la información genética se compartía entre los progenontes, un proceso conocido como transferencia genética horizontal. Además, las mitocondrias y los cloroplastos de los eucariontes contenían su propio ADN, el cual podía rastrearse hasta procariontes ancestrales denominados alfaproteobacterias y cianobacterias. Esto no se podía acomodar en un árbol de la vida. En su artículo titulado «Uprooting the Tree of Life» («Arrancando de cuajo el árbol de la vida»), publicado en *Scientific American* en el año 2000, Ford Doolittle propuso un arbusto como metáfora más adecuada para la historia de la vida que un árbol con ramas que parten de un tronco central; en concreto, un arbusto en el que los organismos intercambian y combinan información genética de forma continua, tal como han hecho desde el principio.

A lo largo de los últimos veinte años, la secuenciación del ADN y del ARN ha ampliado enormemente nuestros conocimientos sobre la evolución, hasta el punto de que incluso un arbusto resultó ser una metáfora inadecuada. La historia de la vida se representa ahora como un círculo con su origen en el centro y una cantidad inmensa de ramificaciones evolutivas hacia la periferia (figura 3.4). Contemplar el recorrido evolutivo que ha seguido el *Homo sapiens* no como una ruta hasta la cima de un árbol, sino como uno más de los innumerables caminos que dieron lugar a la vida tal y como la conocemos hoy, es toda una lección de humildad.

¿Se puede sintetizar la vida en un laboratorio?

Richard Feynman fue un físico brillante que ganó un Premio Nobel por sus descubrimientos en física nuclear. También era un orador magnífico que se esforzaba por ayudar a su alumnado a entender conceptos físicos abstrusos. Durante una de sus conferencias, Feynman escribió en una pizarra «Lo que no puedo crear, no lo entiendo».

Desde luego parece posible que ahora sepamos lo suficiente sobre bioquímica y biología molecular como para lograr crear una versión simple de la vida en el laboratorio. Nadie lo ha hecho todavía, pero al menos podemos pensar en cómo desmontar una célula y cómo volver a ensamblarla. El objetivo último de una nueva subdisciplina de la biología llamada biología sintética consiste en lograr justamente eso. Si pensamos en la lista de las

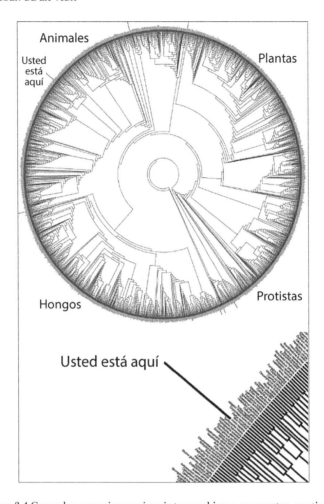

Figura 3.4 Como los organismos vivos intercambian y comparten continuamente información genética, no hay un árbol de la vida. En su lugar, la historia evolutiva de la vida en la Tierra se ve como un círculo inmenso en expansión y en cuyo centro se sitúa el origen de las arqueas y las bacterias. Estas se mantienen intactas hasta el perímetro exterior. Sin embargo, cerca del centro se ve un punto en el que microorganismos procariotas establecen combinaciones simbióticas para crear formas de vida eucariota que atraviesan una evolución posterior para convertirse en protistas (protozoos), plantas, animales y hongos. La «pelusa» que rodea el borde exterior representa un número descomunal de especies con nombre, incluido el *Homo sapiens*, cuya ubicación se muestra ampliada en la esquina inferior derecha. *Créditos*: Adaptado a partir de Global Genome Initiative.

piezas que componen la vida, algo que parece imposible se convierte en probable.

He aquí una lista de las piezas que componen una célula bacteriana, cada una de ellas con una propiedad específica que es esencial para la vida:

1. Membranas lipídicas se ensamblan espontáneamente en compartimentos microscópicos necesarios para la vida celular. Tal como se describe en la parte 2 de este libro, es fácil encapsular grandes moléculas en estos compartimentos con la simple desecación de una mezcla del lípido.

2. Los ribosomas se pueden aislar con facilidad. Son estables, y los investigadores llevan muchos años mezclando ribosomas con el ARNm de una proteína específica, y han sintetizado esa proteína mediante un proceso llamado traducción.

3. Aislar un genoma bacteriano anular es más difícil porque tiende a romperse; sin embargo, si se pone cuidado se puede hacer. De hecho, investigadores del Instituto Craig Venter ya han sintetizado desde cero un genoma completo de una especie bacteriana pequeña y después lo han introducido en una célula con el ADN desactivado. La bacteria comenzó a crecer a pesar de que estaba utilizando información genética de un genoma totalmente sintético compuesto de ADN.

4. Hay miles de enzimas en una célula bacteriana típica. Nadie se va a poner a sintetizarlas desde cero, así que hay que utilizar las que están disponibles y ya han sido sintetizadas por bacterias vivas.

La conclusión es que se ha demostrado que TODAS las partes esenciales de las células bacterianas funcionan de forma aislada. Sin embargo, nadie ha probado jamás a unirlas. ¿Es esto posible? ¿Podemos dar vida a una combinación de partes bacterianas que no está viva? Propongamos un experimento mental.

Sabemos cómo utilizar una enzima llamada lisozima para disolver las paredes celulares de ciertos tipos de bacterias, lo que nos deja una bolsita membranosa llamada protoplasto que contiene todos los componentes de una célula viva. También sabemos que las bolsas se pueden abrir si se introducen en agua porque se hinchan y revientan, con lo que liberan sus componentes tal como se ve en la figura 3.5.

Ahora viene el truco que utilizaremos para volver a montar los protoplastos. Prepararemos vesículas lipídicas a partir de lípidos extraídos de las bacterias, y las añadiremos a la mezcla de polímeros funcionales que se liberó cuando abrimos los protoplastos. El último paso consiste en dejar que el agua se evapore al vacío dentro de un frigorífico. Como las vesículas lipídicas se concentran cada vez más durante la desecación, se fusionarán en miles de capas lipídicas, y todos los componentes bacterianos se amontonarán entre las capas. Cuando se añade una solución diluida de nutrientes, las capas se hinchan y capturan los componentes en billones de compartimentos microscópicos.

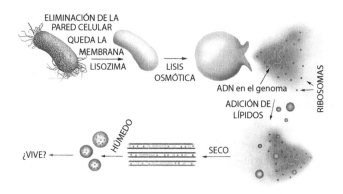

Figura 3.5 Cómo reconstruir una célula viva.
Créditos: Autor.

¿Están vivos? ¿Tendrán crecimiento y reproducción? Al fin y al cabo, los ribosomas, los genomas y las enzimas vuelven a estar juntos en un mismo lugar. La mayoría de los científicos expertos dirá: «¡No! ¡NO estarán vivos!». Pero no se puede saber con seguridad porque nadie ha hecho el experimento. Yo tiendo a compartir su escepticismo por una buenísima razón: tal vez se hayan vuelto a juntar todos los componentes de la célula en una diminuta bolsa membranosa, pero hemos interrumpido un orden invisible que guarda relación con bucles de retroacción que regulan el metabolismo. A falta de una retroacción que controle miles de enzimas, tal vez sea imposible que las células vuelvan a la vida.

Sin embargo, algunos científicos pioneros han intentado algo parecido. Albert Libchaber y Vincent Noireaux, de la Universidad Rockefeller, y Tetsuya Yomo, desde Japón, extrajeron los componentes intracelulares de bacterias y los encapsularon en vesículas de lípidos junto con ADN que contenía el gen de una proteína verde fluorescente. Los científicos de la Universidad Rockefeller también incluyeron un segundo gen para una proteína llamada hemolisina que volvía las membranas lipídicas permeables a los aminoácidos y al ATP. Cuando añadieron una solución nutritiva a las células artificiales, estas empezaron a brillar con una fluorescencia verde, lo que significaba que toda la vía de síntesis de proteínas estaba funcionando y se estaba sintetizando la proteína verde fluorescente.

Esto no significa que las células estén vivas, sino tan solo que se estaba sintetizando una proteína. El siguiente paso obvio es repetir el experimento para ver cuántos de los 5.000 genes del ADN bacteriano se están traduciendo en proteínas funcionales. Esto tal vez parezca imposible, pero espero que alguien descubra con seguridad si la mezcla de componentes encapsulados puede ensamblarse para dar lugar a una versión simple de la vida. Quizá nos sorprenda.

¿Podría la vida volver a comenzar en la Tierra actual?

Si le hubieran preguntado a Charles Darwin si la vida podría comenzar hoy en la Tierra, habría respondido: «¡Seguramente no!». Así lo dio a entender en su famosa nota dirigida a Joseph Hooker en 1871: «En el presente, tal materia quedaría devorada o absorbida al instante, lo cual no habría ocurrido antes de que se formaran seres vivos».

Lo que Darwin quería decir es que los compuestos necesarios para el comienzo de la vida son, en realidad, nutrientes, y la vida microbiana actual es tan eficiente empleando nutrientes que, aunque una forma primitiva de vida lograra comenzar de algún modo, sería devorada de inmediato.

Pero hay otro problema, y es que la atmósfera actual alberga oxígeno. Tendemos a pensar que el oxígeno es dador de vida, pero eso se debe a que hemos evolucionado para utilizarlo de varias maneras como fuente de energía para el metabolismo. La energía se obtiene tomando hidrógeno de los alimentos y dejando que los electrones desciendan en cascada por la cadena de transporte de electrones hasta el oxígeno. Si podemos hacer esto es porque también disponemos de múltiples maneras para proteger los componentes celulares de los efectos tóxicos del oxígeno. Por ejemplo, la vitamina E es uno de los antioxidantes protectores que actúa inhibiendo la propagación del deterioro oxidativo en los lípidos de la membrana. Si se elimina de la dieta de los ratones, en un mes o dos su salud empieza a deteriorarse. Se vuelven anémicos y pierden movilidad porque las células de la sangre se dañan con todo el oxígeno que fluye a través de las membranas celulares mientras la sangre circula por el cuerpo.

El oxígeno también degrada muchos compuestos que servirían como nutrientes. Este efecto se observa en la superficie de las manzanas recién cortadas, que enseguida adquieren un tono marrón, o en los plátanos magullados. El desagradable sabor de los aceites y los vinos rancios también se debe a los daños causados por la oxidación.

La conclusión es que el oxígeno es tan reactivo que los compuestos orgánicos no durarían lo suficiente para participar en las reacciones que condujeron al origen de la vida. Esto no habría sido un problema en la atmósfera de la Tierra prebiótica, puesto que estaba compuesta en su mayoría por gas nitrógeno no reactivo junto con pequeñas cantidades de dióxido de carbono. Dado que el oxígeno procedente de la fotosíntesis era prácticamente inexistente en la Tierra prebiótica, los compuestos orgánicos podían circular en soluciones durante el tiempo suficiente para sostener el origen de la vida.

¿Podría comenzar la vida en las condiciones ambientales que imperan en otros planetas?

Esta pregunta es un acicate para los científicos de la NASA y la ESA (Agencia Espacial Europea) que exploran otros objetos planetarios de nuestro Sistema Solar, y también para los astrónomos que estudian exoplanetas en órbita alrededor de otras estrellas de nuestra Galaxia. Los seres humanos estamos fascinadísimos con la posibilidad de que la Tierra no sea el único planeta donde la vida dio comienzo en un entorno estéril pero habitable. La NASA ha conseguido utilizar cuatro vehículos todoterreno (Spirit, Opportunity, Curiosity y Perseverance) sobre la superficie de Marte. El más avanzado, Perseverance, emprendió el viaje a Marte en 2020, donde llegó en 2021 con el objetivo explícito de buscar signos de vida microbiana que pudiera haber existido allí en el pasado. Hasta es posible que haya vida inteligente en otro lugar y que haya desarrollado una tecnología suficiente para emitir señales de radio con la intención de establecer comunicación. Los radioastrónomos se dieron cuenta de que antenas especialmente sensibles serían capaces de detectar tales señales, lo que dio lugar a múltiples proyectos que se engloban bajo el epígrafe de la SETI (de *search for extraterrestrial intelligence,* o «búsqueda de inteligencia extraterrestre»). En cualquier caso, el mayor escollo está en esclarecer si las condiciones que imperan en otros planetas permitirían que emergiera la vida y que evolucionara hacia formas cada vez más complejas.

Tomando como base la información que se presenta en este libro, ¿es posible la aparición de la vida en otro lugar? Una forma de abordar esta cuestión consiste en considerar dónde existe la vida en nuestro planeta, pero también dónde no existe ni siquiera después de tres mil millones de años de evolución. Esto impone restricciones al tipo de condiciones que conducen a la vida, e integra nuestro conocimiento de la vida extremófila. Las principales limitaciones son la disponibilidad de agua líquida, la temperatura, el pH y la concentración de iones comunes. Consideremos estos aspectos uno por uno.

En la superficie de la Tierra, el agua es líquida entre 0 °C y 100 °C. Por debajo de 0 °C, el agua se transforma en hielo sólido, y por encima de 100 °C se convierte en vapor. De acuerdo con lo observado, hay organismos vivos que se pueden conservar en hielo sólido, pero que no logran crecer y reproducirse porque los nutrientes y la energía necesarios no pueden circular para sostener el metabolismo. Por ejemplo, el agua líquida no existe en las zonas desérticas de la Antártida ni en el desierto de Atacama, en Chile, y en ninguno de estos lugares hay vida microbiana capaz de crecer y reproducirse.

En el extremo opuesto de la escala de temperaturas, el agua de los surtidores calientes volcánicos se acerca al punto de ebullición, ya que está entre 90 °C y 100 °C, dependiendo de la altitud. En las profundidades del océano imperan presiones tan elevadas que el agua líquida puede existir a temperaturas aún más elevadas, y ciertas bacterias logran sobrevivir a una temperatura de 121 °C. A partir de las temperaturas extremas, cabe concluir que la vida no podría comenzar en un planeta con agua en estado sólido (en forma de hielo) ni en un mundo rocoso desértico, carente de agua líquida. Marte supone una prueba interesante para esta conclusión; su superficie es hoy mucho más hostil que el desierto de Atacama de Chile, pero alberga hielo en los polos y en el subsuelo. No hay volcanes activos en la actualidad, pero parece ser que un inmenso volcán del tamaño de toda Francia entró en erupción hace 100 millones de años. También sabemos que 3.500 millones de años atrás Marte albergaba mares poco profundos en algunas partes de la superficie. Teniendo en cuenta los datos aportados en la segunda parte de este libro, cabe concluir que la vida pudo empezar en Marte cuando este mundo tenía volcanes activos y surtidores calientes hidrotermales. Una predicción razonable es que algún día los vehículos todoterreno que exploran Marte encontrarán signos de vida microbiana primitiva parecidos a los que vemos hoy en los estromatolitos fósiles de Australia Occidental.

¿Sabremos alguna vez cómo puede empezar la vida?

La respuesta es: tal vez.

Hay numerosas ideas y planteamientos de la cuestión, pero no un consenso. Un tribunal científico está evaluando esas ideas para valorar su poder explicativo y el peso de las pruebas. Yo soy uno de los miembros de ese tribunal, así que una buena manera de concluir este libro consiste en presentar una hipótesis alternativa para el origen de la vida que pueda demostrarse con investigaciones futuras. Los elementos de la idea se han descrito con anterioridad y son fáciles de resumir:

- La vida comenzó en aguas de un surtidor caliente destiladas a partir de un océano salado y que llovieron sobre masas de tierra volcánicas.

- La caída de meteoritos aportó al planeta compuestos orgánicos que la síntesis geoquímica concentró en las aguas termales.
- Algunos de los compuestos orgánicos eran monómeros que se polimerizaron, mientras que otros eran moléculas anfifílicas que se ensamblaron espontáneamente en estructuras membranosas.
- Las aguas termales experimentaban ciclos continuos de humedad y sequedad debido a las fluctuaciones en los niveles de agua y a la evaporación.
- Durante la desecación, la mezcla de monómeros orgánicos y compuestos anfifílicos se volvía muy concentrada, y las reacciones de condensación sintetizaban polímeros.
- Tras la rehidratación, los polímeros se encapsulaban en vesículas membranosas y dieron lugar a cantidades ingentes de protocélulas.
- Cada protocélula tenía una composición diferente a la de todas las demás en cuanto al contenido de polímeros con secuencias aleatorias de monómeros.

Todo lo presentado hasta aquí se ha comprobado de forma experimental en laboratorio o mediante la observación del comportamiento del agua en surtidores calientes con actividad volcánica. Los siguientes pasos son especulativos, pero pueden guiar la investigación futura. Estas ideas surgieron de una colaboración con mi compañero Bruce Damer, y se ilustran en la lámina 21.

- Casi todas las protocélulas de cada población resultaban inertes, y sus componentes se reciclaban, pero unas pocas portaban polímeros y membranas con propiedades relevantes para los procesos de la vida. Algunas de esas propiedades eran la estabilidad, la permeabilidad selectiva y la actividad catalítica.

- Algunas protocélulas con estas propiedades sobrevivieron a los ciclos interminables de humedad y sequedad, y poco a poco empezaron a dominar en su población. Este fue el primer paso de la evolución darwiniana.

A lo largo de intervalos de tiempo que se miden en millones de años, los polímeros catalíticos se incorporaron a sistemas con un metabolismo primitivo que incluía retroacción reguladora, captación de energía química y lumínica, y el empleo de esa energía para catalizar su propia reproducción a partir de los nutrientes disponibles en el entorno. Estos sistemas cruzaron el umbral que va de las protocélulas inertes a las primeras formas de vida celular. De nuevo, a lo largo de millones de años, las poblaciones migraron pendiente abajo hacia el océano y se adaptaron poco a poco a unas aguas cada vez más saladas hasta que al final se volvieron lo bastante robustas como para proliferar en las zonas intermareales. Estas poblaciones microbianas formaron los estromatolitos mineralizados que han perdurado hasta hoy en Australia Occidental como prueba fósil de la primera vida conocida.

Confío en que este libro haya transmitido al público lector cierta idea de lo emocionante que es la investigación científica. Es posible que las ideas aquí expuestas acaben demostrando su capacidad explicativa a medida que avance su comprobación, o tal vez haya que descartarlas si resultaran inservibles. Este es el proceso con el que a la larga acabaremos entendiendo cómo puede empezar la vida en la Tierra y en otros planetas habitables.

Lecturas complementarias

He optado por no incluir referencias científicas en este libro porque el lenguaje que utilizan es a menudo muy técnico, y los artículos no son fáciles de conseguir; de hecho, la mayoría de las revistas requiere pagar para acceder a ellas. Sin embargo, creo que vale la pena nombrar varios libros publicados recientemente y escritos con un lenguaje accesible que ofrecen información adicional para el público interesado.

Yo mismo tengo un libro titulado *Assembling Life* (Oxford University Press, 2019) que escribí con la finalidad de exponer la novedosa hipótesis de que el agua dulce de los surtidores calientes que atraviesan ciclos de humedad y sequedad conduce al ensamblaje de sistemas moleculares. Un artículo científico de libre acceso escrito por Bruce Damer y yo mismo describe esta hipótesis en detalle («The Hot Spring Hypothesis for an Origin of Life». *Astrobiology*, abril de 2020).

Sin saberlo, durante los dos últimos años, Stuart Kauffman y yo escribimos sendos libros que se publicaron en Oxford University Press en 2019. Stuart es autor de otras obras diversas, como *The Origins of Order* (1993), *At Home in the Universe* (1996), *Investigaciones* (2003; versión en castellano de Luis Enrique de Juan) y *Humanity in a Creative Universe* (2016). En su último libro, titulado *Más allá de las leyes físicas: el largo camino desde la materia hasta la vida* (versión en castellano de Luis Enrique de Juan), Stuart plantea que el origen de la vida puede encontrarse más allá de las leyes conocidas de la física. Es posible que los especialistas en física discrepen, pero no sabrían qué responder si se les preguntara qué leyes permiten predecir que un soplo de aire favorecerá que una solución de jabón se ensamble en hermosas burbujas membranosas. Una pompa de jabón se puede entender en retrospectiva, pero ninguna ley física habría predicho su existencia. Esto recibe el nombre de fenómeno emergente, y la misma pregunta se puede formular en relación con el origen de la vida. Tal vez las leyes de la física y la química permitan predecir algún día cómo puede convertirse la materia inerte en materia viva, pero de momento aún no.

Robert Hazen es director del Observatorio del Carbono Profundo, donde un grupo extenso de científicos investiga la distribución física, química y biológica del elemento carbono en la Tierra. Basándose en esa experiencia, Hazen escribió *Symphony in C: Carbon & the Evolution of (Almost) Everything*, una obra publicada por W. W. Norton & Company en junio de 2019. Además de ejercer como científico, Hazen es músico concertista de trompeta, y combinó sus conocimientos sobre mineralogía y música para exponer una perspectiva única sobre la relevancia que tiene el carbono en nuestras vidas.

Dirk Schulze-Makuch y Louis Irwin publicaron la tercera edición de *Life in the Universe: Expectations and Constraints* (Springer) en 2018. Un título así es bastante atrevido porque no tenemos ni idea de si hay vida en el universo con la salvedad de nuestro propio planeta. Sin embargo, los autores utilizan sus conocimientos de química, física, astronomía y biología para argumentar de forma convincente que hay una probabilidad elevada de que exista vida en otros lugares, aunque no se parezca a la que hay en la Tierra.

Bahram Mobasher es profesor de la Universidad de California en Riverside. Es autor de *Origins: The Story of the Beginning of Everything* (Cognella Academic Publishing, 2018), una obra pensada para utilizarse como libro de texto en uno de los cursos que él imparte. El libro hace honor a su título, porque realmente lo aborda todo, desde el origen del universo hasta el origen de la vida.

Algunas obras anteriores a estas dieron forma a mi propia idea sobre el origen de la vida y su lectura merece la pena. He aquí una breve relación de títulos que recomiendo:

- Pier Luigi Luisi. *The Emergence of Life: From Chemical Origins to Synthetic Biology*. 2.ª ed. Cambridge University Press, 2016.
- Nick Lane. *La cuestión vital: ¿por qué la vida es como es?*; trad. de Joandomènec Ros; Barcelona: Ariel, 2016.
- Eric Smith y Harold J. Morowitz. *The Origin and Nature of Life on Earth: The Emergence of the Fourth Geosphere*. Cambridge University Press, 2016.

- Peter Ward y Joe Kirschvink. *A New History of Life.* Bloomsbury Press, 2015.
- Addy Pross. *What is Life?* Oxford University Press, 2012.
- Freeman Dyson. *Los orígenes de la vida*; trad. de Ana Grandal. Madrid: Ediciones Akal, 2003.

Índice analítico

Las figuras se indican con una «f» a continuación del número de página
En beneficio de los usuarios digitales, los términos indexados que abarcan dos páginas (por ejemplo, 52-53) pueden aparecer, en ocasiones, en tan solo una de ellas.